徽商与文化丛书

徽商家风

HUISHANG JIAFENG

王世华◎编

丛书主编◎王世华 李琳琦

安徽师范大学出版社

责任编辑：汪鹏生
装帧设计：陈　爽
责任印制：郭行洲

图书在版编目(CIP)数据

徽商家风/王世华编.—芜湖：安徽师范大学出版社，2014.10

ISBN 978-7-5676-1592-2

Ⅰ.①徽…　Ⅱ.①王…　Ⅲ.①徽商—家庭道德—研究　Ⅳ.①B823.1

中国版本图书馆CIP数据核字(2014)第228851号

徽商家风

王世华　编

出版发行：安徽师范大学出版社

芜湖市九华南路189号安徽师范大学花津校区　邮政编码：241002

网　　址：http://www.ahnupress.com/

发 行 部：0553—3883578　5910327　5910310(传真)　E—mail：asdcbsfxb@126.com

印　　刷：安徽芜湖新华印务有限责任公司

版　　次：2014年10月第1版

印　　次：2014年10月第1次印刷

规　　格：710×1000　1/16

印　　张：11.5

字　　数：188千

书　　号：ISBN 978-7-5676-1592-2

定　　价：28.00元

前　言

家风是一个家庭全体成员所表现出来的一种风气，是一种家庭成员都认可、推崇并身体力行的行为规范、价值观念。随着时代的发展，家风又会增添一些新的时代内容。家风好像看不见、摸不着，但实际上家庭所有成员的一言一行无不反映出一个家庭的家风。

家庭是社会的细胞，家风也是社会风气的基础。由于家庭不能脱离社会而存在，所以家风也影响着社会。社风是由所有的家风组成的，如果每一个家庭的家风正，那么社风就正；反之亦然。

良好家风的形成并非一朝一夕之功，而是长期甚至是世代培育的结果。家风对每个家庭成员影响极大，乃至影响家庭成员的一生。家风是要靠家庭的每个成员去维护的，家长在家风形成、维护、传承的过程中起着关键作用和表率作用。

中国历史上的儒家极其推崇"正心、诚意、修身、齐家、治国、平天下"的人生理想，所谓"正心、诚意、修身、齐家"，就是树立和培育良好的家风问题。他们认为，只有秉承优良的家风去从政，才能治理好国家，使国家长治久安，天下百姓才能过上和谐幸福的生活。古人所谓"求忠臣于孝子之家"，也正是基于这个道理。其实道理很简单，如果一个人连生己养己的父母都不孝不敬，能指望他爱国家、爱人民吗？因此儒家非常重视家风的建设。儒家的这种观念在社会上影响极大，这从历史上留存下来的无数的家规、家训以及无数感人的家风故事就可反映出来。这是我们今天建设和培育社会主义家风的宝贵财富，是值得我们认真加以总结和借鉴的。

徽商作为明清时期闻名全国的大商帮，“贾而好儒”是他们的重要特色，因此受儒家的影响特别深。就某个具体徽州商人而言，虽然奋斗一生，积累了不少财富，但由于我国崇尚多子的观念和家庭财产诸子均分的传统，诸子从父辈那里能够承继到的财产经过分割以后是很有限的，有的由于家庭变故，徽商子弟甚至面临着家庭衰败或者破产的命运，恐怕只有少数人能从父辈那里继承丰厚的家产。可以说这是一个普遍现象。但这个商帮却能够延续六百年之久，能够一代一代地传承下去，继承少量财产的能够发扬光大父辈事业；继承丰厚家产的能够守得住并有所发展；面临衰败与破产的能够奋发图强，重振家业。这样从总体上看，徽商一代代承续发展，在历史上书写出光辉的篇章。其原因是多方面的，但重要原因之一，是与他们具有良好的家风绝对分不开的。徽商极其重视家风的建设，他们的嘉言懿行和种种事迹，也是留给我们今天社会的一份宝贵遗产。

为了继承这份遗产，我们从孝亲、教子、修身、友爱、睦邻、交友、勤俭、诚信、创业、守法、助人、义行等十二个方面，来考察徽商的家风，并通过家规、家训、语录、故事、插图等形式表现出来。

好吧，让我们来一次历史穿越，回到几百年前，去领略一下徽商的家风吧。

目　录

一、孝亲

要好儿孙须从尊祖敬宗起　欲光门第还是读书积善来

——徽州楹联

点评 要想自己有好儿孙，必须从尊祖敬宗做起；希望光大自家门第，只有从读书积善中求得。这是古人从千百年的事实中总结出来的至理名言，可谓千古不磨。

司马温公曰："诸卑幼事无大小，毋得专行，必咨禀于家长。凡子受父母之命，必籍记而佩之，时省而速行之；或有不可行者，则柔色和声具是非利害而白[①]之，待父母之许然后改之。苟[②]于事无大害当亦曲从，若以父母之命为非而直行己志，虽所直，皆是不顺之子，况未必是乎？"为卑幼，为人子者，要当三复斯语[③]，服膺[④]勿失。

——《绩溪西关章氏家训》

注释 ①白：告诉。　②苟：如果。　③三复斯语：反复诵读这些话。　④服膺：服从，遵守。

翻译 司马光说："凡卑幼的人，无论大事小事，不得专行，必须先报告家长。凡儿子接受父母之命，必须记在簿本上而带在身边，经常看看而赶快实行。如果有不能做的，就应和颜悦色把是非利害禀告父母，待父母允许后才可改变。如果这于事无大害，则应当委曲顺从；如果认为父母之命错了而非按自己的意图去干，即使对的，也是不孝之子，况且你未必对啊。”为卑幼者、为人子者，都要反复领会此语，真正按照去做，不要有什么过失。

点评 徽州绩溪西关章氏家族将司马光的这段话作为家训之一，就是让所有家族成员都要执行。这当然主要是指儿童少年而言。为什么要这样呢？因为父母亲毕竟社会阅历比较丰富，经验多、见识广，凡事能够明辨是非，判断得失，儿童少年遵照父母之命行事一般不会错。

子孙承前人之荫①，袭②前人之业，罔知③所继述④，岂足以为孝乎？夫孝者，天之经⑤也，地之义⑥也。民之行也果能以孝存心，则饭⑦香黍而思其由，味⑧芳泉而求其本，坐嘉木⑨而蒙其荫，图报之心无一念而不在。

——休宁洪氏《洪氏家谱·继述堂记》

注释 ①荫：庇护。 ②袭：继承。 ③罔知：不知。 ④继述：继承和遵循。 ⑤经：指规范、原则，通常指不可改变或不容置疑的道理。 ⑥义：指理所当然的事。 ⑦饭：此处作动词用，即吃。 ⑧味：此处作动词用，即品尝。 ⑨嘉木：指大树。

翻译 子孙接受前人的荫庇和产业，而不懂得继承和遵循，这难道是孝吗？孝，是天经地义的事。一个人的行为如果真能心中时时想到孝，则吃饭时就要想到这饭从哪来的，喝水时也要想到这水从哪来的，坐在大树下蒙受其阴凉，图报之念无时无刻不在，这才叫孝啊。

点评 这是休宁洪氏宗族《继述堂记》中的一段话。古人说：“百善孝为先”，培养子弟第一就是要培养他的孝心。如果一个人对自己的父母亲都不孝顺，能指望他爱别人吗？一个人如果连感恩图报的思想都没有，还能指望他能为别人、为社会做出什么贡献吗？而今天我们很多人缺乏的正是这种“感恩”思想。

凡为吾祖之孙：

敬父兄。父兄尊于我也，出入必随行，有事必代劳，毋凌忽[①]以犯长上，方为孝顺子弟也。

——《祁门锦营郑氏宗谱·祖训》

注释 ①凌忽：欺侮、轻慢。

家　规

人子须愉色婉容，切戒唐突[①]父母。若稍唐突，虽日用三牲[②]之养，犹为不孝。

——《绩溪仁里程继序堂·家规》

注释 ①唐突：冒犯。　②三牲，本指三种牲畜，此泛指多种肉类。

翻译 做子女的必须和颜悦色，切记不能冒犯父母。如果稍有冒犯，就是每天给父母吃各种肉也是不孝。

人子切戒任性。温宾忠母夫人云：“性急人，一味自张自主气质，使父母难当；性慢人，一副不痛不痒面孔，亦使父母难当。”戒之。

——《绩溪仁里程继序堂·家规》

翻译 为人之子，一定不能任性。温宾忠的母亲曾说：“性情急躁的人，凡事一味自作主张，做父母的真受不了；性情慢缓的人，凡事都是不痛不痒的样子，做父母的也受不了。”要引以为戒。

人子须爱父母，而不可爱妻子。朱柏庐[1]云："听妇言，薄[2]父母，为人子者，内省其能安乎？"戒之。

——《绩溪仁里程继序堂·家规》

注释 ①朱柏庐，即朱用纯（1627—1698），字致一，号柏庐，明末清初江苏昆山县人。著名理学家、教育家。明诸生，入清隐居，教授学生，潜心治学，著有《朱子家训》（又名《朱子治家格言》），影响颇大。 ②薄：此指冷淡。

翻译 为人之子必须爱父母，不能爱妻子。朱柏庐说："听从妻子的话，冷淡自己的父母，作为儿子，反躬自问，心中能安吗？"要引以为戒。

点评 这条家训把爱父母和爱妻子对立起来是错误的，父母要爱，妻子也要爱。朱柏庐说的是不能听从妻子之言而冷淡父母，这话还是对的。现在社会上大量存在的现象，不是"爱父母，不爱妻子"，而是"听妇言，薄父母"，这真要引起我们深思啊！

人子须爱父母，而不可爱货财。其代有父[1]掌家及治生[2]者，阴图利己，上不可以告父母，下不可以对兄弟，譬如小人，其犹穿窬（音于）之盗[3]欤。戒之。

——《绩溪仁里程继序堂·家规》

注释 ①有父：即父亲。此处"有"是词缀，没有实意。 ②治生：谋生计。 ③穿窬之盗，指翻墙之贼。

翻译 为人之子必须爱父母，而不可爱财物。如果代替父亲掌管家政及家庭生意的，暗中谋取私利，上不可告诉父母，下不可面对兄弟，就像小人，甚至是翻墙盗窃之贼。要引以为戒。

人子须出必告，反必面[1]。冬温而夏凊，昏[2]定而晨省[3]。

——《绩溪仁里程继序堂·家规》

注释 ①面：指面见。　②昏：黄昏、天黑。　③省：省视，探望。《礼记·曲礼上》："凡为人子之礼，冬温而夏凊，昏定而晨省。"

翻译 人子必须做到出去要告诉父母，回来要面见父母。冬天要给父母铺上温暖的被褥，夏天要给父母垫上清凉的席子。每天晚上要服侍父母就寝，早上要向父母请安。

点评 上述这些事，看起来都是小事，可做好真不容易。现在由于时代的变化和工作的需要，儿女大多和父母不能生活在一起，“昏定晨省”是做不到了，但“常回家看看”，还是应该做到的。可是在这一点上，很多人恰恰非常欠缺。忙，是一个方面，但真正的原因恐怕还是少了那种孝敬父母的精神。

《礼》：“子妇，不命适[1]私室[2]，不敢退。”今有夫妇整日相对而不面父母者，夫非。其于鳏[3]（音关）父孀[4]（音双）母者，尤不相宜。

——《绩溪仁里程继序堂·家规》

注释 ①适：去。 ②私室：指自己的房间。 ③鳏：无妻或丧妻的男人。 ④孀：指丧偶的妇女。

翻译 《礼记·内则》篇说：“为人儿媳妇，公婆没有命令你回自己的房间，你就不能退出。”现在有的夫妇整天躲在自己的房间里卿卿我我，而不去见父母，这是不对的，对于那些鳏父（失去妻子）孀母（失去丈夫），子媳这样做就更不应该了。

点评 《礼记》上的这条规定，现在是没有必要了。但家训所指出的“夫妇整日相对而不面父母”的现象，多着呢。还有的媳妇对公婆视若路人，不闻不问，甚而谩骂、弃养，更说明建设优良家风迫在眉睫！

人子行事须告禀父母，温公云：儿子受父母之命，必籍记而佩之，时省而速行之。或有不可行者，则柔色和声具是非厉害而白之，待父母之许，然后改之。苟于事无大害当亦曲从，若以父母之命为非而直行己志，虽所直，皆是不顺之子，况未必是乎？

父母分以田宅，微不有均，能值几何，退有后言者，非。

父母所生之子，不能皆富而无贫，父母或念其贫者薄有周给，诸子当顺从之，退有后言者，非。若子贫而擅售膳田者，大不孝，众共摒之，仍鸣公治罪。

礼父母之所爱，亦爱之。凡子孙及奴婢曾蒙父母怜惜者，在己当倍加怜惜，切戒妄生嫉恶之心。

——《绩溪仁里程继序堂·家规》

曾子[①]养亲必有酒肉，将撤必请所与。凡为人子者，宜效曾子，不可因父母有所与，而退有后言。

——《绩溪仁里程继序堂·家规》

注释 ①曾子：本名曾参（前505—前435），字子舆，春秋末期鲁国人。十六岁拜孔子为师，勤奋好学，颇得孔子真传。积极推行儒家主张，传播儒家思想。他的修齐治平的政治观，省身、慎独的修养观，以孝为本的孝道观，影响中国两千多年，至今仍具有极其宝贵的的社会意义和实用价值。编《论语》、著《大学》、写《孝经》、著《曾子十篇》，后世尊奉为“宗圣”。上承孔子之道，下开思孟学派，对孔子的思想一以贯之，在儒学发展史乃至中华文化史上均占有重要的地位。

翻译 曾子奉养父母亲每天必有酒肉，食毕将撤去时必问父亲，这剩下的给谁？凡是做儿子的，应该学习曾子，不可因为父母要给哪个，背下里叽叽咕咕表示不满。

父母年老，凡床帐、卧褥、饮食、汤药，人子须自点检，不可委之奴婢。

父母年老而有幼弟、幼妹者，一切婚嫁之费量力营办，切戒吝惜消费，致伤父母之心，庶弟庶妹[①]同此。

——《绩溪仁里程继序堂·家规》

注释 ①庶弟庶妹，指父亲之妾所生的弟妹。

人子须随分[①]尽孝，不必富贵后尽孝，如子路负米[②]，曾子采薪[③]，何尝不是孝子。

——《绩溪仁里程继序堂·家规》

注释 ①随分，即根据自己的力量和条件。 ②子路负米：子路（孔子学生）家境贫困时，自己吃粗陋的饭菜，而从百里外把米背回给父母吃。 ③曾子采薪：曾子家境不好，自己上山打柴来供养父母。

人子须及时尽孝，不可待他日而后尽孝。皋（gāo）鱼[①]云："树欲静而风不止，子欲养而亲不在。"岂不永为终天之憾。

——《绩溪仁里程继序堂·家规》

注释 ①皋鱼，孔子同时代人。

兄弟数人贫富不一，贫者不能养父母，富者当任之，不可互相推诿。

父母有过固宜谏，然宜机谏[①]不宜直谏[②]。

——《绩溪仁里程继序堂·家规》

注释 ①机谏，就是乘父母心情好时进行规劝。 ②直谏，就是直截了当提出批评。

人子事生父母易，事继母难，然亦别无他法，不过为人子止于孝而已。千古来，善事继母自舜而外，莫如薛包[①]、王祥[②]二人，可为后世事继母者法。

——《绩溪仁里程继序堂·家规》

注释 ①薛包：东汉人，在朝廷做官。从小好学，品行诚实，以孝闻名。亲生母亲去世，后母憎恨薛包，让薛包离开家庭分居。薛包夜晚哭泣，不想离开，直至被殴打。不得已在屋外搭了一个棚住下，早晨入家打扫，又被父亲赶出家门。于是薛包只得在里巷搭棚住下，仍然每天早晚向父母请安。过了一年多，终于感动父母，让他回到家中。后来父母去世后，又为父母守了六年丧，丧事很悲哀。此后不久，弟弟们要分财产搬出去住，薛包只愿拿荒废的田地和破烂的物件。 ②王祥：三国曹魏及西晋时大臣。侍继母朱氏极孝。一次继母想吃鲜鱼，当时天寒冰冻，王祥脱下衣服，准备砸冰捕鱼(一说卧在冰上)，忽然冰块融化，跳出两条鲤鱼，王祥拿着鲤鱼回去孝敬后母。

妇事舅姑与子事父母，其道同，凡古之孝妇，如少君提瓮[①](wèng 古代一种盛水的器具)、庞氏纺织[②]及陈孝妇养姑[③]之类，为人子者时时对妇言之，亦必有感悟处。

——《绩溪仁里程继序堂·家规》

注释 ①少君提瓮：据《东观汉纪》、《后汉书补逸》记载：鲍宣之妻，姓桓，字少君。鲍宣自小师从少君父，少君父奇其清苦，就把女儿嫁给他，嫁妆很盛。鲍宣不悦，谓妻曰："少君生而骄富，习美饰，而吾贫贱，不敢当礼"。妻曰："大人以先生修德守约故，使贱妾侍执巾栉，既奉君子，惟命是从"。妻乃退还所有嫁妆，穿着短布裳，与鲍宣共挽鹿车归乡里。拜姑礼毕，提瓮出去打水，修行妇道，乡邦称之。 ②庞氏纺织：庞氏家族非常重视培养劳动美德，在《家训》中规定：一家人的衣服要"亲自纺织，不许雇人纺织。"女子 6 岁以上，每年给棉花 10 斤、麻 1 斤；8 岁以上每年给棉花 20 斤、麻 2 斤；10 岁以上每年给棉花 20 斤、麻 5 斤，各自以所给棉麻纺织，"丈夫岁月麻布衣服，皆取给其妻。"所以庞氏家族中的女子从小就会纺织，而且养成了勤俭持家的好品质。　③陈孝妇养姑：指的是陈氏孝养婆婆的事。陈氏乃汉代陈州人。从小淑慎贞静。邻里咸夸其贤。年十六而嫁，至夫家，事姑尽妇职，一言一动，莫不遵礼而行。时值边防吃紧，军书纷驰，征兵警备，军令急如星火。其夫也被征调，当起程赴戍所时，阖家凄惨，自不待言。夫忍泪指母对她说："我今将长别矣！沙场茫茫，生与死尚不可知。能生还固大幸，万一不还，我母老矣，汝能念夫妻情义，代我养母，我虽在九泉之下，亦当瞑目。"陈氏泣而应道："媳妇就像儿子，事姑奉养，乃分内事。君请安心行，勿以老母为念。妾已许君，生死不二。"夫至戍所，战殁阵中。凶闻至家，姑妇相向哭。然陈氏自此养姑，仍如夫存时，靠纺绩织纫维持生活。陈氏父母怜其年轻无子，劝令改嫁。陈氏说："夫去时嘱儿养母，儿已许之矣。既许而不能全终，是失信于吾夫也，即死何颜再相见！"奋欲自杀，父母乃止。遂养姑二十八年，姑八十余，以天年终。陈氏又将田宅财物出售于人，得价以作葬费。淮阳太守奏闻于朝，汉帝嘉叹，使人赐黄金四十斤。妇力辞不受，终身无所乞求于人，其所需用，全出自含蘖茹荼中，世人称其孝妇，可以作为学习的榜样啊。

凡族有不孝者，告诸族长，族长当申明家规而委曲诲遵之，再犯即扑之，三犯告诸官而罪之。

——《绩溪仁里程继序堂·家规》

点评　以上各条是绩溪程氏家规的一部分，专讲儿子如何孝顺父母，媳妇如何孝顺公婆。其中没有什么高深的道理，全是从点点滴滴的日常小事说起，这些小事看起来很容易，但真正做到却很难。其实，家风的培养正是从这些小事开始的。我们今天的家风建设中值得注意的问题，就是不能只是强调一些大道理，而忽视了这些日常小事。家风建设，必须从我做起，从小事做起。

吾族有孝义实迹，本房长随时报名，宗祠按照核实，著名登簿，或请官长棹楔[1]，表扬善行。次则揭其名于两庑（音无，堂下周围的走廊），以褒彰之。见则必敬，与敬老同隆。殁则超进入祠，四时享祭，与报功同隆。反是而有不孝、不悌、不义行为，本房长随时告诫，不服则声明本祠，斥责不贷。

——《桂林洪氏宗谱·宗规》

注释 ①棹楔（zhào xiē）：门旁表宅树坊的木柱。

子事父母，要在先意承志，就养无方；父母有教，则当敬受佩之勿忘；父母若有命，则当欢承行之勿怠；父母有疾，则朝夕侍侧躬进汤药，毋得妄委他人。父母有过则和悦以谏，倘若不从，愈当无失爱敬，以期感悟，毋得遽恃己是，忿恨以扬亲过；其衣服饮食随办不贵过分，务必使父母之养有厚于己；侍侧毋得戆（gàng）词厉色；凡事毋得径情直行；

父母年老或无兄弟，毋得弃亲远游，违者量事轻重议罚。妇事舅姑，孙事祖父母，其礼一也，亦要一体遵守。

——黟县《环山余氏谱·家规》

翻译 子女服侍父母，最重要的是不等父母开口就能顺着父母的意志去做，不拘常格去奉养父母。父母如有什么教诲，要恭恭敬敬地接受并记下来带在身边，不时看看不要忘记了；父母如有什么吩咐，应当高高兴兴地听从并赶紧去办，不能懈怠；父母如有病，应当早晚在旁边服侍，亲自递上汤药，不能随便委托其他人代劳；父母如果有过错，应当和颜悦色去规劝，如果父母不听，更不能失去敬爱之心，以期望感动父母，使其觉悟，不得坚持己见，而因忿恨以宣扬父母的过错。父母衣服饮食要随缺随办，不要过分昂贵，但一定要使对父母的供养超过自己。在父母身边服侍，不能讲鲁莽话摆脸色。凡事不得一味按照自己的意愿去做。父母年老或自己无兄弟，不能丢弃父母而自己到远方去。如果有违背上述规定的，要根据情节轻重给予处罚。媳妇服侍公婆、孙子服侍祖父母，礼节与上述是一样的，也要一体遵守。

罔极深恩，本难酬报。族内子孙不念父母，辄敢骄傲违逆，此实背亲而不容宽者也，族尊共处之。

——《安徽胡氏经麟堂家训·家规》

翻译 父母给我们的无限恩情，是难以报答的。族内如有子孙不念父母之恩，骄傲自大，违逆不顺，这实际上是背叛亲人而不能宽容的。族中尊长应共同处罚他。

为子者必孝以奉亲，为父者必慈以教子，为兄弟者必友爱以尽手足之情，为夫妇者必敬让以尽友宾之礼。毋徇私情以乖大义，毋贪懒惰以荒厥事，毋纵奢侈以干宪章[①]，毋信妇言以间和气，毋持傲气以乱厥性。有一于兹，既亏尔德，复隳[②]（huī）尔胤[③]。眷兹祖训，言须再三，各宜谨省。

——《绩溪东关冯氏存旧家戒·家规》

注释 ①宪章：泛指法律。 ②隳：毁坏。 ③胤：后代。

翻译 做为儿子必须以孝敬奉养双亲，做为父亲必须以慈爱教育儿子，做为兄弟必须以友爱尽手足之情，做为夫妻必须互敬互让以尽友宾之礼。不要为了私情而违背大义，不要贪图享受懒惰而荒废了自己的工作，不要放纵奢侈以冒犯法律，不要听信妇人之言以伤害和气，不要坚持傲气以坏了自己的秉性。上述诸种，只要犯了一项，不但有损于自己的品德，而且也带坏了后代。一定要记住这些祖训，再三强调，每个人都应该记住并时时反省。

为人子者，当念身从何来？无父母则无此身。又当念身从何长？非父母则谁乳之，谁抱之，必不能长此身。故父母有子则谓其身有托，是以子为代老也；子有父母则谓其身有依，是以父母为荫庇也。百行之原莫大于孝，诚以孝本乎天性，自有至爱至敬之真动于其中而不容遏。则虽舜为天子，周公为圣人，皆不能出乎此。

天下谁无父母，谁有恩能如父母，谁父母有如瞽瞍[①]（gǔ sǒu），夫以瞽瞍之父母且事之而底豫[②]，抑何父母之不可事，抑何[③]人子不可事父母。使必丰其衣、美其食而后为事，非事之道也，盖衣食必殷实之家乃可丰美，岂富者得事父母，贫者不得事父母乎。夫孝顺，德也，使徒有衣食而无诚意以将之，亦未必能得父母之心。盖父母之心无刻不在子之身，苟人子之心亦无刻不体父母之心，则心与心固结不可解，虽菽水[④]亦足言欢，虽芦衣[⑤]亦并知暖。斯天性之谊笃，斯天伦之乐真，假人子而忤厥父母，可胜诛乎哉。

——《古歙义成朱氏祖训·祠规》

注释 ①瞽瞍:瞍同叟,瞽瞍就是瞎子老人。传说上古时期五帝之一的舜,是瞽瞍的儿子。从小就很孝顺父母。以超常之孝心,感动上天。帝尧听说舜的孝行,特派九位侍者去服侍瞽瞍夫妇,并将女儿娥皇和女英嫁给舜,以表彰他的孝心。后来尧把帝位也"禅让"给舜。人们赞扬说,舜由一个平民成为帝王纯由他的孝心所致。 ②底豫:谓得到欢乐。《孟子·离娄上》:"舜尽事亲之道,而瞽瞍底豫。" ③抑何:还有什么。 ④菽水:菽,豆类总称。菽水,泛指粗茶淡饭。 ⑤芦衣:以芦花代替棉絮的冬衣。

翻译 作为一个儿子,应当想想自己的身体从何而来?没有父母就没有我们自己的身体;还应想想自己的身体为什么能够长大?没有父母,谁来喂养自己,谁来抱携自己,必然不能长大。所以父母有子,就认为其身有所寄托,老了可以有儿子抚养了,儿子有父母则认为自己有了依靠,父母是自己的荫庇啊。因此人们的所有行为其根本没有大于孝的,因为孝来自人的天性,自然会有最爱最敬的感情活动于其中而不可遏止。即使舜为天子,周公为圣人,都不能超出这一点。

天下谁没有父母?谁的恩情能比父母?谁的父母会像舜的父母那样都是瞎子?舜能孝顺瞎子父母而使他们获得欢乐,还有什么父母不值得孝敬?还有什么儿子不能孝敬父母?非得给父母做很多衣服,提供非常丰美的食物这才叫孝敬,其实这不是孝敬之道,因为只有富裕之家才能做到这一点,难道只有富者才能孝敬父母,穷人就不能孝敬父母吗?孝顺,是一种品德,给父母以丰美的衣食而没有诚意的话,未必能使父母得到欢心。父母之心无时无刻不在儿女身上,如果儿女也能无时无刻体谅父母之心,则两者之心就能紧密结合在一起,谁也解不开。真能这样,那即使是粗茶淡饭,父母也会感到欢心;即使穿着芦花做的棉衣,父母也感到温暖。这是忠实的天性之情,也是真正的天伦之乐。假如儿子违背冒犯父母,真是处死也不为过啊!

点评 为什么要孝顺父母?此条讲得非常清楚,就是父母生我、养我,没有什么恩情比这还大。怎么孝顺父母?此条认为不在于给父母多少穿的吃的,关键是要真心诚意对待父母。读到这里,我们每个人是否可以扪心自问:我心中想着父母吗?

夫父母者身之所从出也，顾复[①]鞠育直如昊(hào)天[②]罔极，故膝下承欢，问寝视膳，必谨依内则行之，毋少懈怠。至于丧葬祭祀，皆必诚必信，致爱致悫(què，诚实)，内尽其心而外尽其礼，或有贫不有备物者，则称其家之力为之，不失为孝。若乃父母爱之，喜而弗忘；父母恶之，惧而无怨；父母有过，谏而不逆；父母既没，必求仁者之粟以祀之。以至不登高，不临深。为善，思贻父母令名；为不善，思贻[③]父母羞辱，皆子道之所宜尽者也。彼夫割股[④]庐墓[⑤]，迹近沽名，盖无取焉。斯天地之经，民之是则，而百行之原得矣。

——《黄山迁源王氏族约家规》

注释 ①顾复：《诗·小雅·蓼莪》："父兮生我，母兮鞠我。拊我畜我，长我育我，顾我复我，出入腹我。"郑玄笺："顾，旋视；复，反覆也。"孔颖达疏："覆育我，顾视我，反覆我，其出入门户之时常爱厚我，是生我劬劳也。"后因以"顾复"指父母之养育。 ②昊天：苍天。 ③贻：赠给，留下。 ④割股：割下自身大腿上的肉来治疗父母的病。封建社会所认为的孝行。⑤庐墓：古人于父母或师长死后，服丧期间在墓旁搭盖小屋居住，守护坟墓，谓之庐墓。

翻译 父母给了我们身体，而且养育之恩像苍天那样无限，故求得欢心，侍奉父母，关心父母的休息和饮食，一定要谨遵有关规矩，不能有丝毫懈怠。至于父母去世后的丧葬以及以后的祭祀，都要至诚至信，至爱至实，内则尽心，外则尽礼。如果因为家庭贫困，有些物品不能齐备，但只要根据家中情况尽力为之，也不失为尽孝。如果父母爱我，我喜而不忘；父母不爱我，我怕而不怨；父母有过错，及时谏止而不违逆；父母逝世后，一定要求有德行的人的粮食来祭祀。这都是《礼经》上的话。父母在时要不登高处，不临深渊，害怕万一有了闪失，父母就没人奉养了。做好事，要想到给父母留下好名声；做不好的事，要想到会给父母留下耻辱，这些都是作为儿子应尽的为子之道。那种割股庐墓的做法，近似于沽名钓誉，都不值得效法。孝，这是天经地义的道理，人们能够遵守，任何行为的原则就有了。

新妇孝，家其兴

景（许景）初习儒，念亲老无以养，乃去而为贾。业微不给于食，妻（饶氏）则湆（qì 阴湿）败蔬代餐饭，而以饭饭其舅姑。时复市甘脆以进舅姑，私相谓曰："新妇孝，家其兴乎！"

——清 郑虎文：《吞松阁集》卷31《许母饶安人家传》

翻译 许景（清代歙县人）一开始是读书考科举，后考虑到双亲已老，无以为养，只得弃儒经商。由于生意小，利息微，寄给家里的钱连温饱生活都维持不了。妻子饶氏只得偷偷地以阴湿的菜叶为饭，而将米饭省给公婆吃，同时又常常将省下的钱买一些甜脆的食品孝敬公婆。公公和婆婆私下交谈说："新媳妇真孝，我们家一定能兴旺啊！"

点评 据史料记载，许景家后来真的"饶"了，也就是发家了。但饶氏仍然勤俭持家，可是对公益事非常热心，得到人们的一致称赞。

金公著千里寻父骸

一个人刚出生不久就失去父亲，这是人生的大不幸；而父亲又是病死在千里之外的他乡，想祭拜寄表哀思而不能，则是更大的不幸了。清代初期的歙县人金公著，就是这个大不幸者的代表。

金公著刚出生9个月时，父亲金五聚就逝世于经商之地北京。由于当时经济条件所限，灵柩未能返回故乡，就安葬在那里。年幼的金公著依靠着母亲许氏抚养成人。但他看见人家孩子不仅有母亲，而且有父亲，自己却没有，于是孩童时的金公著就询问母亲：我的父亲到哪里去了？他长得什么模样？为什么不来见我们？这样的问题，面对着幼小的孩子，对于一个失去丈夫的妻子来说，是很难回答的。所以刚开始时，许氏只有编一些话语来搪塞儿子。但多次询问后，她也知道孩子逐渐长大了，再瞒也瞒不住了，即把他父亲的情况一五一十地告诉了金公著。少年的金公著听了母亲饱含热泪的哭诉，也禁不住凄然泪下，紧紧地抱住母亲哭了起来。

随着时光的流逝，金公著已到了弱冠之年，长成了一个结结实实的小伙子。在随着时光成长的日子里，金公著的心中一直怀揣着一个梦，即一定要把父亲的遗骨请回家乡来，让自己能够尽一尽每年祭拜的孝道。这一天，一个秋收后的日子，已经长成大人的金公著告别了母亲，带着简单的行装和盘缠，独自一人踏上了进京之路。从皖南的徽州歙县到北方的京城，有数千里之遥，尽管他是一个壮小伙子，但这一路风尘，舟楫劳顿，也是十分辛苦的事情。经过一个多月的跋山涉水，金公著终于到了京城。

当时，在京城中，徽州歙县人设有会馆，这是徽商作为以乡土血缘为核心的商业团体的重要标志之一。在会馆的职能中，联络乡谊是重要目的，既承担徽州人进京的栖宿责任，还购置阡地，设立义阡，使染疾而逝世于京城的清贫穷困者，在遗骨难回故土时有一个异乡安葬之处。所以金公著一到京城，即奔赴歙县会馆以求帮助。其实，当年他父亲的安葬后事就是依靠会馆的帮助而办理的。然而岁月已久，会馆里的人员也更换了不少。不过对从家乡来的人，会馆还是热情接待的，这使年轻的金公著有宾至如归的感受。他从一个故旧老人的口中得知，亡父被安葬在京城之南石榴庄的左侧。石榴庄正是徽州歙县会馆在京城设置的一座义庄，专门收葬客死京城的徽州人。或许是那位老人记忆有错，金公著在石榴义庄左侧却没有发现父亲的墓地，心中不免有些遗憾。但他千里而来，决不能放弃，于是他继续向人打听。后来终于在住义庄僧人的引导下，在义庄的右侧找到了父亲之墓，墓前还立有石碑，碑文中记载得一目了然。金公著一见，真是既喜又悲。喜的是千里寻父骸，终有结果，不负此行；悲的是当年的父亲为了一家人的生活独闯京城，却壮志未酬客死他乡。在悲喜交加之中，金公著将父亲的遗骨掘起包裹好，装到盒子中，谨慎地背着返回家乡了。当时正值凛冽的寒冬，而北京的冬天比南方的徽州要寒冷许多，金公著年轻的手足都被冻得皲裂了，血丝丝的。但他一心扑在为父亲的事情上，自己丝毫都未曾觉得苦。的确，在他看来，只要实现一片孝心，自己吃多少苦都无所谓了。

金公著把父亲的遗骸带回了家乡，选择了一块墓地，进行隆重的安葬。家乡的亲朋好友也都争相前来慰劳和帮助他。在大家的帮助下，金公著终于完成了多年的夙愿。

徽州土地少，许多人都踏上外出行商谋生之路。年轻的金公著也想走这条路。然而他看到了慈善的母亲苦守贞节，含辛茹苦把自己抚养长大，而自己还没有报答母亲的恩情，所以他不忍心离开母亲而去，选择了守在母亲身边，以努力耕种为业。他对母亲十分孝顺，每天每餐都必定问候母亲的冷暖饥饱，谨慎地依从母亲的吩咐去行事。但是在家乡务农，实在难以维持生计。后来在母亲年老病故之后，他已是一个壮年人了，他毅然离开故土出外经商，往来于苏州、绍兴以及庐州、凤阳之间，并在定远县的垆桥镇商居时间最久，家境也渐渐富裕起来，最后告老还乡，留下一个不忘故园的孝子形象。

（张恺编写）

方如珽寻祖遗骸记

千里寻访先人遗骸回故乡的事情，在徽商中不是少数。这里且表一个千里寻访祖父遗骸经历奇特的故事。

话说主人公方如珽，字子正，是歙县环山人。他的祖父名方慕塘，在长江之北的潜山县经商，后来染病逝世于潜山。当时正值明朝末年战乱纷纷的时刻，所以亡故他乡的灵柩不能够运回故乡，便从简安葬在潜山，由于战乱导致人口快速流动，很快就无人知道灵柩安葬于何处了。

转眼间到了清朝初期，少年的方如珽从父亲口中得知祖父客死他乡的事情，便立志要去潜山找到祖父之墓，寻到遗骸归葬家乡。然而他数次前往潜山，皆没有找到祖父的墓地，只好饮泣吞声而归。

时间又过去很久，方如珽询问了嫁给程姓的一位姑妈，因为这位姑妈正是从潜山嫁回徽州的，这时已有 70 岁了。当她闻知侄儿方如珽要寻访自己父亲在潜山墓地的事，很是感动，表示愿意同侄子一起前往寻访。方如珽见姑妈年纪大了，怕她经受不住路途的辛苦。姑妈却说，年纪虽大，但身体硬朗，不妨事。于是方如珽又一次踏上了去潜山寻访祖墓之路。他以为这次有姑妈同往，一定不会失望了。谁知他和姑妈到潜山后，年已古稀的姑妈也茫然不知了，因为父亲逝世时，她仅是一个 14 岁的少女。

面对茫然无措的老姑妈，方如珽没有放弃。而侄子的孝心和决心也感染了年迈的姑妈，决心陪伴侄子一起继续查访。在查访中，有的人说，当时战乱之后，枯骨无数，被某寺的僧人当作普通的亡者，一起合葬到一个塔中了；有的人说，某个石洞里还藏有一些破败的棺木。听到这些传说，方如珽都陪伴姑妈前去查看，尤其是在那石洞里，果然见到有许多破败的棺木，杂乱无章地堆放着，但上面都没有题识和标志，所以都很难辨认。

也许是苍天不负孝心人。正当方如珽和姑妈绝望之际，突然，古稀之年的姑妈在一个旧棺木中见到了一团乱发，那团乱发中有一支发髻的银簪还在闪着一丝儿光芒。她连忙用枯老的手，抖颤颤地捡起了那支银簪子，仔细地端详着：这物件是那么的熟悉，又是那么的亲切。她当即老泪纵横起来。方如珽见姑妈如此情状，连忙予以搀扶着，并问："姑妈，你怎么了？"老泪纵横的姑妈再也忍不住地大哭着对侄儿说："如珽啊，是它，是这支簪子，当年被作为陪葬品收敛到棺木中，那年我 14 岁，亲眼看见的。这回来寻访，还算我没有死，不然真没有人知道了。"方如珽听姑妈这么一说，也顿时悲喜交集起来。他们立即认定这藏有银簪的棺木正是盛殓祖父方慕塘遗骸的，于是他重新买来了棺木，将祖父的遗骸收于新棺之中，并千里迢迢运回家乡，隆重安葬。

关于此事还有一个奇异的传说：原来方如珽平常的右膝常常酸痛，而且有些发黑；现在见祖父遗骸的右膝处遭漏水侵蚀的痕迹，也是色气黝黑，同方如珽的患处一个模样，姑侄俩人都大为骇异，遂认为是一气感召之理。而当祖父遗骸返回故里安葬之后，方如珽的右膝很快就恢复如常了。

安葬了祖父遗骸之后，方如珽更坚定了行孝做善事的人生宗旨，所以他生平中有许多义举。他曾捐资帮助修复了有江南都江堰之称的渔梁坝，还独资整修了歙县城西的古虹桥和龙王山下的五里石栏杆。这些义举，动辄耗费银子数千两。他不仅在故乡行义举，在外地也大做善事。如在镇江的京口，就常设救生船，救助了许多江上遇险遭难的人。他的孝心义举，也积德恩泽于他的后人，子孙登科入仕的有数人。其中第三子方为淮，继承了父亲行善仗义的品德，在乡里的祠社桥梁的兴修中都慷慨行义，孝亲善友的品行在乡党中都享有盛誉，而且被郡守延请为乡饮正宾。（乡饮是古代丰收庆典的活动，在活动中会请地方公认的德高望重的人来参加并主持仪式，正宾是受到最高礼遇者。）

（张恺编写）

程世铎万里寻父归

先人辞世而去，寻觅骨骸返归故里安葬，这是后人孝行的表现。但当长

辈活着的时候就尽心尽孝，更是真孝行的表现。这里再说一个时隔 20 余年后，将失散在万里之外的父亲寻回故乡，与家人团聚的故事。

话说清朝初期，徽州府歙县褒嘉里有位叫程世铎的，他还在 6 岁那年，父亲就到外面经商去了，然而自出门以后，音信全无，不知生死。年幼的程世铎只有与慈善的母亲相依为命。母亲含辛茹苦，对他无比慈爱；他对母亲则尽心行孝。在母慈儿孝中，程世铎渐渐长大成人。在与母亲相依为命时，他时刻思念着在外经商未归的父亲，他母亲也总是思念着出远门不知音信的丈夫。母子俩在共同的思念之时，也都总是抱头痛哭，泪水涔涔……

这一年，程世铎已是 22 岁的壮小伙子了，母亲倾尽全力为他娶了妻室，使家庭得到了发展。但身处蜜月中的程世铎，并没有迷恋小夫妻间的甜蜜生活，心中仍有失散在外多年的父亲的影子，立志要把父亲寻回家乡。只不过那时，他的家境本不富裕，娶妻成家又花去不少钱，家境到了无出行盘缠的地步。他一边努力劳作积攒路费，一边不断打听父亲的行踪，后来他又向人学习占卜知识，根据卜辞上的解释，推测出父亲的踪迹应在祖国的大西南。

大方向有了，20 多岁的程世铎毅然收拾简单的行装，带着不太丰厚的川资，告别了慈爱的母亲和亲爱的妻子，从徽州歙县出发，直向滇、黔、巴蜀即今日的云南、贵州、四川等省而去。然而大西南三省的地盘该有多大啊，可说是无边无际。仅有大方向，而没有具体的小区域，这样的行动肯定是盲目的，这样的寻亲亦无异于大海捞针。所以，程世铎在数年里，寻访了西南三省许多地方，都总是怅怅无半点收获，怏怏不乐。

忽然有一天，有个从云南回来的徽州客商，闻知褒嘉里有个程世铎在寻找失踪的父亲，遂热情地前来告诉他一条确切的信息。他说，你父亲本在云南经商，因为发生了吴三桂反叛清廷的战争，而你叔叔又在战乱中亡故了，你父亲为了寻访你叔叔的遗骸，离开了云南而去了东川；而那时的东川，正陷入吴三桂叛军与朝廷兵马激战之中，因而你父亲也难以从那里走脱了。依我的估计，现在他应该还在东川。

听了这位云南归客的一番话，程世铎很是高兴，当即向客人拜谢，然后又戴着斗笠，穿着草鞋，星夜启程，去深入东川那不毛之地和战火之中。一路之上，既有豺狼虎豹等四脚猛兽逼近的危险，又有魑魅魍魉等两脚凶徒点燃战火的磨难。但程世铎寻父之志不可更移，即使有无穷的凶险也在所不计了。出门在外，路途劳顿那是自然而然的事，没有饭吃没有水喝也是常有的事情，尤其是到了不见人烟之地，常常是几天才寻到一点吃的。饿肚子是很可怕的，但瘴疠之气对他的四肢和骨骼的侵害更可怕，他在瘴疠之气的侵蚀下生病了，而且数次病到濒死的绝境。但这一切困难都没有消退程世铎寻父的意志，他终于从死神手中脱逃而到了东川。

然而当他抵达东川城后，却又得知父亲已到东川的郊外去了。他便又寻访到东川郊外。但到了那里，又闻说父亲去了乌蒙，即云南的昭通。于是程世铎又马不停蹄地去往乌蒙，终于在那里见到了失踪多年的父亲。然而当父子俩相见时，俩人都互不认识，唯有通过交谈，口音相同皆是徽州话，而且细叙籍贯、年岁、姓名等等信息，遂互相认知。父子俩自然是一番抱头痛哭。这时候，距父亲离乡外出已是21年了，父亲已年过半百，程世铎也已27岁。在交谈中，程世铎知晓了父亲在外经商遭受战乱，叔父死于乱中，寻遗骸不得，颠沛流离，毫无成就，无颜见家乡父老的千辛万苦；父亲也知晓了儿子程世铎为寻访自己万里奔波数年不断的万苦千辛。终于父子俩相互扶持着回到了阔别的故乡徽州歙县。

再说程世铎在新婚后不久就离家万里寻父，数年之中，家中全靠年轻而贤惠的妻子徐氏，殷勤耿耿地孝养着他的母亲，使他没有了后顾之忧。所以人们称程世铎与徐氏是双孝。当老少两对夫妻重新聚首时，那真是悲喜交加。

清雍正二年(1724)，徽州、歙县两级衙门将程世铎夫妻双孝的事迹呈报朝廷，得到奉恩旌表建牌坊，举行崇祀典礼的荣耀。

（张恺编写）

曹孝子寻父骨传奇

徽州孝子不惜辛苦千万里寻找先人遗骸的故事，要说离奇的当属现在叙述的曹孝子的故事了。

曹孝子，名起凤，字士元，祖上是徽州人，由父亲曹子文迁居江苏昆山。曹子文把家安在昆山之后，却到西边的蜀地经商去了。开始的几年，他都按时寄些钱回来养家。然而过了几年，不仅没有金钱寄回家，而且连音信也没有了，家里人都十分挂念，却总也打听不到他的信息。

这一年，曹起凤已经16岁了，遇到了一个从蜀地经商回来的人。他就向前问道：“老伯，你在蜀地经商，可认识家父曹子文？”

那客商回答道：“小伙子，我认识啊，我们是同在蜀地经商的，不过不在一处。”

曹起凤继续问道：“那你可知家父近在何处？为何这么些年音信全无？”

那客商见一个十多岁的少年这么一问，不由得眼圈子就红了起来，道：

“啊呀，孩子，难道你还不知晓令尊他已亡故多年啦！”

曹起凤听了这个噩耗，泪水即从心中涌起，但他强忍着，即又问道：“那么家父过世在何地？”

那客商说：“孩子啊，实在抱歉，我也是听人说的，具体亡故在何地，老汉我也实在不知详情。”

他的话刚说完，16 岁的曹起凤再也控制不住心中的悲愤，大声痛哭起来，谁知竟一口气上不来而昏厥倒地。幸好周围不仅有那位老客商，而且还有其他人等，立即进行呼唤和抢救，才将这个少年孝子唤醒过来。

苏醒过来的曹起凤便决心要去蜀地，寻找父亲的遗骸归来。他把自己的想法禀告了母亲。母亲说：“孩子，你的孝心是很好的，我也不反对。但只是你，一来年纪尚小，千里迢迢，独自前往，叫为娘如何放心？二来蜀地距此甚远，而我们家境贫困，哪里能够为你筹得许多盘缠？”听了母亲的言语，曹起凤也甚觉有理，无奈只有作罢。

消息传到长洲（即苏州）潘为缙的耳中。这苏州潘氏也是从徽州歙县迁徙去的，也算是徽州人，况且他又是一个慷慨好义之士，闻同乡移民中出如此孝子，且有困难，当即解囊相助，赠给曹起凤 100 两银子，派下人送去，作千里寻父的盘缠。

曹起凤得此赠银后，即要动身。但母亲还是担心他年少，难以承当此任。正在此时，曹起凤的叔叔曹尼之得知了，即说：“嫂嫂，既然侄儿年少，那我作为叔叔的，当义不容辞代侄儿前去寻访一番。”曹母说：“既是叔叔有这个心意，那就烦叔叔辛苦一趟吧。”于是，曹尼之即带了潘家所赠盘缠，自告奋勇地出发了。然而过了许多时候，曹尼之千里寻兄，毫无所获，快快而归。

无奈地过了几年，曹起凤已长成 20 岁的壮小伙子了。几年中，他每每思念起抛骨在外的父亲，都会悲痛欲绝。他外出寻父之志仍然坚固在心。苏州义士潘为缙闻知后，又一次赠送他银子 40 两。

得到资助的曹起凤遂告别母亲和家人，动身由陆路前往蜀地。他先是借道河南省，又历经陕西省，再从陕西西南走到了成都之南。他将寻父的事情详细地写成文牒，贴在硬纸板上，然后负在背上，一路走去，逢人即哭诉询问。然而得到的皆是摇头不知的回答。真是一路走一路问，一路希望变失望。这样，他的双脚走到了四川与云南的交界处，最西还到达大渡河的上游金川。这样，过了整整一年，都没有得到父亲的半点信息。

此时，曹起凤的那点盘缠早已用尽，他一路乞讨着，又返回了成都。在成都，他有幸遇到了徽州和苏州在那里的两位客商。两位客商都为同乡孝子寻父的事迹所感动，不仅款待他数日，让他好好的休养整顿，而且联合赠他20两银子，助他继续寻觅父亲遗骨。

经过数日休整并得到资助的曹起凤，来到成都诸葛武侯祠内，向诸葛亮的神像进行祷告抽签，请指示寻访方向。神签指示向东，于是曹起凤离开成都向东而行。

川东是层峦叠嶂的山区，道路十分险峻，一路上，曹起凤常常摔得头破血流，匍匐于乱草丛中，无人问津，只好自己慢慢地爬起身来，擦擦血迹，拂去草叶，继续前行。这一天，他来到了川东南与贵州、湖南二省交界的酉阳，时逢隆冬，空中飘起鹅毛大雪，霎时间酉阳一带山区积雪有一尺多深。寻走在寻父道上的曹起凤，尽管年轻体壮，但奔波了一年多、受尽长途折磨的他，再也无力前行了，他又冻又饿，晕倒在雪地中。这一倒地，竟然一连七日没有他人从此走过。其间，他挣扎着醒过来，爬过积雪，到了一个土洞子中，又晕了过去。

到第八日头上，有两个当地人，一个姓项，一个姓许，从这里经过，见有一群乌鸦围绕在一个土洞前，嘎嘎鸣叫着，互相间还搧扑着翅膀争斗着。项、许二人连忙走上前去，赶走了乌鸦，只见一具冻僵的“尸体”躺在土洞内。他们即用手指探到其口鼻前试试，感到尚存微微的气息，当即把他扶起。扶起时，却见他背上有一张文牒，从文牒所知此乃万里寻父的人，都交口称赞：“孝子！孝子！”项、许二人轮流把倒在雪洞中失去知觉的曹起凤背回家来。

背到家中，连忙给他饮下一碗热汤，曹起凤这才苏醒过来，浑身也回暖复苏。见被救者稍有精神了，项、许二人才问他一番经历和缘故，都为他的孝心和意志而赞叹不已。当下，项、许二人就收留了曹起凤，安排他住了下来。次日，为了使他能尽快地恢复身体，便以丰盛的酒肉来款待他。然而曹起凤不饮酒、不吃肉，只吃些素菜淡饭。项、许问他何故？曹起凤回答道：“我已立下誓言，寻不见父亲的棺木，决不饮酒食肉！”项、许见他有这番意志，自然遵依他，并更为佩服。

曹起凤住了下来，这一夜他却做了一个离奇的梦。恍惚之间，他觉得自己走进了一片荒原，荒原中有一处树林，一个老翁与几个人正坐在林中谈叙着什么。见曹起凤走进林中，那老翁突然拍着双手，哈哈大笑，道："月边古蕉中鹿两，壬申可食肉。"这实在是两句令人摸不着头脑的话语，曹起凤也不知是何意思，不过他牢牢地记在脑海里。此时，他一觉醒了过来，便认为这或许是对自己寻父的一种暗示，于是他向项、许二人告辞，要继续踏上寻父骨骸之途。

热情的项、许二人却连忙止住他的行程，真诚地劝告道："这里正与苗族山寨相邻近，苗人野蛮，生人冒然走近会发生意外的。况且现在正值隆冬，天寒地冻，而你先前奔走已久，身体还很亏虚，倒不如留下来再住些日子，待过了年，开了春，身体康复了再走，不好吗？"曹起凤见他们恳切真诚的态度，而屋外也确是寒风凛冽，雪盖地冻，遂依从他们而住了下来。

时光流逝，很快到了开春之日，这一天，曹起凤出行了。项、许二人还不放心他一人独行，便一起送他一程。行走间，他们经过了一片荒原，这景象正如曹起凤在梦中所见一样，而在一棵白杨树下，有不少棺木累累堆积。曹起凤见此景象，不禁怦然心动，止不住的泪水夺眶而出。一旁的项、许二人见他这副情状，便立即问他何故？曹起凤揩着泪水说："眼前的景象，跟我先前做的一个梦所梦见的情景一样，莫不是我父亲的遗骸就在这里？"说着，他把自己的梦境细细地告诉了项、许二人。

项、许道："不错，我们想起来了，有一个姓胡的徽州人居住在这里已经有好多年了，我们就去问问他吧。"曹起凤见有徽州人住在这里，自然乐意前去。

说话间，曹起凤随着项、许二人，来到了那胡姓徽州人居住之处。胡生见有徽州故乡人来访，遂即热情接待。当曹起凤问起自己父亲的情况时，胡生想了好一会，说："不错，我记起来了，十年前，是有一个姓曹的同乡人在这里经商，得病亡故，并在此安葬了，下葬时还将他随身所带的一块牙牌放进棺木之中，莫非就是令尊么？"

曹起凤连忙道："这便正是先父了，我要将他的遗骸带回家乡去安葬。"

胡生道："你有如此孝心，当然令人尊敬。但棺木这么多，究竟是哪一棺呢？岁月已久，我也记不清了。若不通过官府批准，是不能轻易开棺查验的。”

于是，曹起凤在项、许、胡等人的引导下，投诉于酉阳的巡检官。巡检官不敢擅自做主，又呈报到知州白君之处。白知州也为曹起凤的真诚孝心所感动，批准了他的请求，并派出里长带着衙役前去白杨树下，开棺查验。

众人到了白杨树下，把堆垒的众棺分别抬下来。拂去一些灰尘，但见那许多棺木上都署有死主的姓名，然这些姓名中并没有曹父之名，那就不须打开了。唯独有一棺没有署名，遂将这个棺木启开，却见棺中仅存一具骸骨。据说，是直系血亲，血会融入骨骸中。曹起凤当场即刺破自己手指，将血液滴渍于棺中骸骨，但见那血滴很快没入骨中。这便验出棺中骨骸正是曹父所遗。而且在棺中又发现了一块牙牌，牙牌上有“蕉鹿”两个字，正如梦中所指示的，也正如胡生回忆时所讲的。曹起凤又想起了梦中老汉的话，恍然大悟道：“是啊，月边古，便是胡也，胡即同乡人胡老伯呀；蕉中鹿，即指牙牌有‘蕉鹿’二字。这还有什么可怀疑的呀！”说罢，曹起凤便趴到棺木上大哭起来。项、许、胡等人也觉得有理，确定此棺之骨骸是曹父的了。

在众人的劝慰下，曹起凤止住了哭泣，将棺木中父亲的骨骸小心翼翼地收捡起来并包裹好。然后，项、许二人代曹起凤在白杨树下摆设了祭祀之礼，祭拜土地神灵和众魂灵。祭奠完毕，然后以祭毕之酒肉劝曹起凤食之，项生说：“先前你说不吃酒肉，是没有见到父亲的棺骨，现今已经见到，而且收拾完毕，又祭奠过了，可以食酒肉了。曹孝子，请吧。”许生接着说：“当日我们俩在土洞中遇到冻僵的你时，那天正是壬申之日，到今天已有六十一天了，又是一个壬申之日，你梦中所见所闻，现在都应验了，这难道不是天意吗？”曹起凤听完项、许二人的话，当即感佩在心，这些日子以来，若不是他二人仗义相助我这个无亲无故的他乡人，我何能寻觅到父亲遗骸，于是双膝跪地，再三拜谢二人救助的大恩。项、许二人早为曹起凤的孝心所感，连忙扶起。曹起凤也跪谢了同乡胡生的指示之恩。随后，项、许二人又款待了两日，并都拿出钱来赠给曹起凤作返乡的盘缠。曹起凤遂拜谢二人，带着父亲骨骸回乡了。

这回，曹起凤由长江水路坐船东下，道经湖南，到了洞庭湖口，谁知狂风大作两天，舟船不能前行。同船的人怀疑有不祥之物在船上，便要全船搜索。带着父亲骨骸的曹起凤心中便不由得恐惧起来，当即暗暗地祷告洞庭湖君，看在自己一片孝心上，让狂风停息吧。说来也怪，在他暗中祷告不久，那狂风竟然渐渐平息了。于是舟船安然地过了洞庭湖口。此后，便一路顺风，平安地回到昆山家中。

到了家中，他母亲见到那刻有"蕉鹿"二字的牙牌，当即大哭道："啊呀！这正是我串锁匙的牌子啊，你父亲出门时，拿了其中一把锁匙和牌子离去的，如今不见他的面，已是 20 多年了。"于是，曹起凤重新买棺，将父亲骨骸隆重安葬在昆山城郊的朱提邨，那块牙牌依旧放入棺中，陪伴着先父的魂灵一起安息。

这桩事情，发生在清乾隆十四年(1749)。孝子曹起凤为人耿直，谨慎取与，治理家庭很有法度，到老时依然康健，每月都要到父亲坟冢上，给墓边所植之树浇水，割藤除草，与先父之灵相伴许久才离去。乾隆四十九年(1784)十二月，曹起凤卒于家中，享年 72，有子 5 人。

而蜀地、昆山、徽州人中，都传说着曹孝子的故事。长洲文士庄君学在任雅州知府时，闻知此事，便撰写了《曹孝子寻父骨纪略》以流传。清人彭绍升也作了《曹孝子传》，收入其《二林居集》卷 23 中。

（张恺编写）

金节妇慈孝记

清代，在徽州府休宁县，有一位姓胡的女子出嫁了，嫁给一位名为金腾茂的男子。但在俩人成亲生下的孩子刚满周岁时，年轻的金腾茂就一病亡故了，于是刚满 25 岁的胡姓新妇就成了一名金节妇。这时，她上有婆婆徐氏，依然健康无恙居高堂；下有幼儿金明诚，刚满周岁成遗孤。

这金腾茂在世时，只是一位贫寒之士，家无殷实之财。他这么早早一死，留下的家庭就更加贫困了。挑起家庭重担的金节妇胡氏，只有以纺织土布、帮他人缝纫衣衫来取得不多的钱财，然后买来米粟和肉菜，养活婆婆和幼儿，才使得一家生活基本如丈夫在时的水平。

然而祸不单行。年幼在怀的金明诚却早早地患上了风湿痹症，刚刚出牙，即已齿落，到了一般的孩子会走路的时节，他却不能够走路。随着时间的推移，小明诚的病却越来越重，眼看就到了生命的尽头。这对刚失去丈夫不久的节妇胡氏来说，无疑是雪上加霜、灭顶之灾了。但她毫无办法，只有抱着年幼的爱子不停地哭泣，只有向着那空濛而虚幻的神灵祷告着："苍天啊，神灵啊，这个孩子可是他金家留下的唯一的一线血脉啊！可不能让他死啊！要是非要一个人死不可的话，那我愿意以身代他而死，绝无遗憾。"她就常常这样抱着病儿祷告着。或许一个节妇的诚心真能感动神灵，这个夜里，她竟然梦到了有个神人来到她家，授给她一种神药，她即给小明诚服了下去。谁知到了第二天天明后，奇迹出现了，神话产生了，病得已到绝境的小明诚竟然从鬼门关前回来了，那些风湿病症竟然消失了。不到一年，他即成了一个强壮的孩子，比一般的孩子还要健康。金节妇想，这也许是逝于地下的金腾茂于冥中相救吧。

小明诚恢复了健康，该上学读书长知识了。但金家贫穷，不能延请师长前来讲授，也负担不起学费送他入学。节妇胡氏只有以自己在娘家所学的一点东西，亲教儿子，同时将亡夫金腾茂留下的一些书籍，督促儿子识读，这样让小明诚走上了自学之路。不过，小明诚也去乡里塾学去旁听一些学问。如此，金明诚依靠母亲的教养长大了，而且成为一位恂恂有士人品行的商人，受到人们的尊敬。同时，人们也称赞金节妇胡氏教养有方。

节妇胡氏在谆谆教养儿子的同时，也在殷勤地侍养着婆婆徐氏。随着岁月的流逝，婆婆徐氏渐渐老去，而且多病，以致后来只能坐卧在床褥中生活，不能下地。金家本是贫穷之家，哪能雇得起婢女或老妈子，因此日夜起居，全靠胡氏一人承担，从端茶送饭、洗脸擦身、按摩抓痒，到排解大小便等等，都是胡氏亲手为之。这样的日子，不是一天两天，也不是一月两月，而是漫长的10年。而胡氏还要操劳纺织缝纫，去换取生活的必须。可谓艰苦备至。然而坚忍不拔的胡氏毫无怨言，也毫无怠惰之色。当人们问她为何甘心如此吃苦时，她只有淡然地回答："我仅是尽了一个人妇的妇道而已。"

有一天，病入膏肓的婆婆徐氏，知道自己要走到生命的尽头了，就召唤儿媳胡氏到跟前来，与她诀别道："好媳妇啊，你殷勤地服侍我这么多年，我也没有可报答你了，只愿你也能得到一个好媳妇，将来像你精心侍奉我一样的精心侍奉你，我在九泉之下也得到安慰了。”话还没有说完，便头一歪，气尽而逝。见婆婆如此逝世，节妇胡氏也是痛哭欲绝，就像当年丈夫金腾茂病故时一样。于是宗族乡党中的人们都为节妇胡氏的孝行所感叹。

经商后的金明诚依靠诚信和精明，使家境富裕起来。他娶了妻子，妻子也是一个贤惠的人，侍奉婆婆胡氏，果真也像当年胡氏侍奉婆婆徐氏一样孝顺和殷勤，所以当胡氏75岁时还强健如常，而且膝下有好几个孙子孙女，子孙们也都遵循礼节法度，使金家成为一个和睦的家庭。因此在休宁县，人们都说，众妇女中可称为节孝者，当首推金节妇胡氏。

（张恺编写）

母慈子孝浴火记

故事发生在清代咸丰年间，那时，太平军和清政府军在徽州进行着拉锯式的战争，你来我往，你退我进，战火不断，纷争不止，虽说是互有伤亡，但受祸害最大的是当地无辜的老百姓。

话说在古老的徽州黟县城东隅住着一位叫王康泰的人，表字阶平，3岁时父亲就亡故了，早早成为一个无父的孤儿，靠着母亲抚养长大。稍长大后，母亲就送他跟从一位名叫姚森的塾师读书，或许是小康泰对读书缺乏兴趣，所以还没有完成学业，他就离开了塾学，离开了老师。不读书，干什么呢？对于徽州人来说，最常见的选择便是学经商。王康泰也作了这种选择，到了江西省凰冈的一商家当学徒，学做生意。学徒的生涯是枯燥无味的，无非是端茶送水倒痰盂，上下门板，睡柜台，吃在人后，干在人前。所以王康泰对学经商也不感兴趣了，相比之下，还是读书好，俗话说，书中自有黄金屋，书中自有颜如玉嘛。于是王康泰感谢了亲朋的推荐，结束了学经商生涯，重新返归塾学读书求学。

吃一堑，长一智。人生的磨砺使王康泰改变了人生态度，遂从此在读书求学中刻苦起来，不分昼夜，努力攻读，成绩大进，被补进了县学，成为一名秀才。王康泰对书法颇感兴趣，悉心操练，大小楷书、行书都很见功夫，在县学内小有名气。

母亲对儿子的变化和长进看在眼里，喜在心中，尽全力去抚养他，好让在九泉之下的丈夫放心。而端正了人生态度的王康泰对母亲也笃行孝心，极尽人子之道。说话间，岁月飞驶，母亲已到93岁的高龄，王康泰也成了年过半百的壮年人了，因此他也更加以孝心来侍奉年事已高的母亲。

这一年是咸丰五年(1855)，正是春暖花开的好时候，王康泰和90多岁的母亲，同所有的黟县人一样，正过着安宁平静的生活。没有料到意外发生了，一支太平军闯进了深山中的黟县城。不知是因战败而逃窜，还是缺乏纪律和管理，这支太平军一路闯来，气势汹汹，杀人放火，大行恶事。闻此风声，王康泰也同多少黟县人一样，立即背着老母亲逃出了黟县城，向更深的山区六都躲避而去。然而，他们逃避的脚步没有太平军闯进的脚步快，在半途中，母子俩被乱军擒获了。

一个军中小头目面对被擒的王康泰母子，即用手中的指挥刀指着说："好啊！我们太平军是天国所派的仁义之师，而你们徽州人、黟县人竟不敞开城门，夹道欢迎我们，却走的走，逃的逃，把我们看作恶魔，这不是在支持一向骑在你们头上欺压你们的清狗子吗？"

听他这么一说，王康泰正要分辩几句，却又见那头目不由分说地吩咐手下道："来人，把这老太婆杀了！看她活了这么一大把年纪，也该活够了。"几个小兵听到命令，立即把王康泰的老母亲拉了出来，绑起了绳索。

王康泰一见，立即跪在那小头目面前，哭泣求道："军爷，恳请你放了我的老母亲吧，她虽然年岁已老，但她身体还康健硬朗，还可以颐养天年啊！请你让我这做儿子的代老母去死吧！"

小头目见了，冷笑了一声，道："噢，看不出你还有这一番孝心！那好，把老太婆放了，就把这位要做孝子的拖去杀了！"

兵士们立即听从命令，放了王家老母亲，把王康泰绑了起来，然后举起闪亮的屠刀。

王家老母见了，立即连扑带爬地倒在小头目跟前，哭求道："官长，你说的对，我老太婆今年已是93岁的人了，活在这世上已经看尽了人间冷暖，万千气象，已是活够了，就请杀了我吧。我在这世上已是没有用处白吃饭的了，而我儿子，他是个秀才，还可以为这世上做些事情，你就放了他吧。”说着，紧紧地抱着行刑的兵士不放。

眼见这母子俩互求代死、互救对方的言行，这太平军的小头目也不禁从内心有所触动。他在心中不由想道：我们太平军当年起义，也不就是为了让天下百姓能够过上太平安宁的日子吗？从南方一直打到北方，何曾滥杀过普通百姓？只是近些年，天京城内发生内讧，自家兄弟互相残杀，而凶狠的清军又要将我们太平军赶尽杀绝，才使我们这些军士们心狠手辣起来。这种作为，还是我们当年起义的初衷吗？这对母子，是何等可怜哪！想到此，小头目不禁擦了擦眼睛，向兵士挥挥手道：“兵士们，看在他们母子如此慈孝的份上，就把他们放了！”

兵士们听到命令，立即释放了王康泰和他的母亲。母子俩叩首致谢，尽快地离开了这是非之地。

事情过后，说起这场逢难呈祥的遭遇，人们都以为是他们母慈子孝感化之功。

（张恺编写）

天鉴精诚人钦孝

在歙县全国文物保护单位棠樾牌坊群中，有一座坊额上镌有“天鉴精诚”、“人钦真孝”字牌的牌坊，建于清代嘉庆二年（1797）十一月，距离今天已有200多个春秋岁月。它叙述着一个至诚至孝、天鉴人钦的孝子的故事。

故事的主人公名叫鲍逢昌，他是歙县棠樾村的一个普通的村民，生活在明末清初时期，那是一个改朝换代的多事之秋。鲍逢昌出生不久，他的父亲便为一家人的生计所迫，到外地寻找谋生之路。那时，腐朽的明王朝已近于分崩离析，李自成、张献忠等揭竿而起，高举起义大旗，纵横于中华大地，而关外的满清也已崛起，他们的军马也将夺取江山的锋芒逼向中原，九州赤县烽火连天。在这种混乱的世局中，一介寻谋生存的百姓，哪有安乐的信息传回故乡？然而杳无音信，又使苦守家门的孤儿寡母怀着多少殷切的期盼，一夜夜孤灯如豆，一天天风敲蓬门，年幼的鲍逢昌和母亲心中多少希望变成了失望。

时光在希望与失望的交替中流逝，转眼间到了清顺治三年(1646)，鲍逢昌已是一个 14 岁的少年了。这是一个初生牛犊不怕虎的年纪，他决意要外出去寻找离家多年而无音信的父亲。母亲看他年纪尚幼，不放心也不愿意让他孤身出门，但几番劝说，儿子都不改主意，也便无奈地嘱咐道："儿啊，别看你个子已然很高，但年纪还小，外面的世道不像在家中，你可要谨慎小心哪！不要轻易相信他人，也不要怀疑一切人，总要看脸色行事。家里所带盘缠不多，你要节省着用，一路上要放好，要防止歹人。"她殷殷地嘱咐了一遍又一遍，还是把儿子送上了寻父之路。

少年的鲍逢昌离家后即向北而行。他知道自己盘缠有限，于是采取了一边乞食一边行走的办法，过了长江、淮河、黄河，一路上他也不停地打探着，不断地改变着自己的行程。经过 3 年的艰苦跋涉和寻找，终于在山西省的雁门古寺见到了从未谋面的父亲。同样的乡音，谈起互相知晓的往事，或许还有相通的灵犀，使他们父子相认了。此时，他的父亲虽然还是一个 40 来岁的中年人，但看去却形同一个饱经风霜的老人。而鲍逢昌历经一路的沧桑，衣衫褴褛，蓬头垢面，虽是 17 岁的少年，乍一看去，却也几乎变成一个小老头。父子相见，抱头痛哭，凄哀的泪水既湿透了父亲的袈裟，也透湿了儿子的衣襟，也感染了寺内众僧。原来，鲍逢昌的父亲外出谋生，到了许多地方，都没有找到适合的营生。几经波折，心灰意冷，遂产生了出世之念，打算在雁门古寺里伴着钟声与佛灯，了却自己的一生，至于家中妻儿，他也顾不得了。然而儿子千里乞食寻父的行为和发妻在故乡对他的期盼的深情，激荡了他那已惨淡多年的心田，使他重新燃起人生奋斗的烈火，于是毅然脱下了袈裟，走出了空门，随年少的儿子一起返回故里。

鲍逢昌奉父亲回归阔别多年的故里，使父母亲得到了团圆。然而，灿烂的阳光照在这个普通百姓的家没有几年，阴云又罩了下来，鲍逢昌的母亲又患上了重病。在请医生诊治后，医生说，需要一味乳香用来调药，服后方能使病情好转。然而遍访诸家药店，都缺乏乳香。在寻药中，鲍逢昌得知浙江桐庐出产乳香，于是他搭乘一只木船，沿新安江而下，去往桐庐。在桐庐，人们指引他说，乳香出在那悬崖之上，很少有人敢去采撷。鲍逢昌赶到悬崖前，只见那山崖高数十丈，悬于江边，形势十分险峻，令人望而生畏。年轻的鲍逢昌见之，也不禁心生几分胆怯。但一想到母亲重病在床，他也只有把自己的安危置之度外。他在当地人的热情帮助下，终于攀上了悬崖，采得了乳香，并安然地返回了家乡。鲍逢昌采集乳香归来，调药给母亲治病，虽使病情得以好转，但是总不能痊愈。鲍逢昌就想到古时有割股疗亲的事，他便毅然割下自己大腿的肉，熬汤给母亲服用，竟然使母亲的病得到痊愈。

人们都说，鲍逢昌不远万里寻父归、不惜割股疗母疾的孝心，感动了苍天，苍天鉴于他的精诚之心，暗中助他一臂之力，使他得以成正果。100 多年后，经乡里推荐，县和府衙门将他的事迹呈报朝廷，于乾隆三十九年（1774）奉旨建牌坊予以旌表。不过牌坊建成已是 20 多年后的嘉庆二年了。

（张恺编写）

孝能养志佘善士

清代歙县岩寺镇人佘兆鼎，字扆（音以）凝，是一位天性醇厚的人，这从他少年时的品行就可以体现出来。那时，他正在求学之年，却侍奉父亲佘元曜到河南汴梁行商，从早到晚，关怀得无微不至，在旅邸之中表现得毫无阙失。这对一个 10 多岁的男孩子来说，是很不容易的。不如意的是，那里一连数年发生战乱，搅得百姓很不安宁，也阻碍了他们父子返回家乡的行程，无奈只有继续客居他乡。幸运的是战乱结束之后，父子俩不仅保住了性命，而且佘兆鼎终于随着父亲一起返回了徽州故里。

这时，他的母亲和弟弟佘兆鼐却在家乡过着十分艰苦的生活，家中的瓶瓶罐罐中都是空空的，竟没有半点储存的粮食，母子俩吃了上顿没下顿。见到这副惨状，还是未成年的大孩子佘兆鼎，心中十分不忍。他便竭尽自己的能力去找事做，去赚钱，来供养父母和弟弟，以改变家庭拮据的生活状况。不过靠一个这么大的孩子去努力，那情形一定是很艰难的。但艰苦的岁月还是一天天地过去了。

弱冠后，佘兆鼎便随着他人去往与徽州相邻的宣城经商。尽管他做事兢兢业业，勤快肯干，但因为他只是佣工，所以一年下来也没有多大的收入。于是他省吃俭用，尽力积攒得多一些，以便在岁末回乡时，让父母能够见到他一副宽裕的状况，从而获得安慰和快乐。他每隔一年回家省亲一次，每次在父母身边侍奉，也不过一个来月。但在一个来月中，他都竭尽孝顺之心，凡是父母亲心中所需要的，都尽力予以满足，即使委屈自己，也要承受顺从，从早到晚侍奉父母像个小孩一样，因此父母都很快乐，连饭量也大为增加了。

佘兆鼎忠心耿耿地帮主人经商，勤俭节约地生活，殷勤备至地孝顺父母，这使他在社会上获得了很好的声誉，不仅在本县、府、省，而且连乡邻的江苏省都有所闻。所以在康熙己未年（1679），江苏省藩台（主管一省财赋的长官，相当于今日的财政、民政、税务、粮食诸厅的厅长）丁泰岩知道佘兆鼎为人诚信，可当大任，竟选拔他负责赈灾大事，将数万石赈灾的粮食交给他去灾区发放。受到如此重大的信任，佘兆鼎不敢有半点懈怠与马虎。这时，他的弟弟佘兆鼐也已长大成人，并显示出干练的才能。于是他把弟弟召来，同自己一起办理赈灾大事。兄弟俩协力同心，认真谨慎，不仅办事有效，而且节省开支，公正无私，赈灾事务办得很好，按例要给他升官和颁发奖金，但是佘兆鼎却坚辞不受。藩台丁泰岩问他道："佘君，你为何既不愿做官，又不接受奖金？"佘兆鼎回答说："这是自幼就受父亲教导的。"藩台丁泰岩遂在佘家正门两旁立下木柱，上刻佘兆鼎赈灾事迹的铭文，以表彰他的孝义精神。

佘兆鼎从来不敢在先人灵前报告自己的贤良行为，生平为人处事，都是一副谦虚谨慎的态度，不仅孝顺父母，友爱兄弟，而且对亲戚、乡邻、同事、朋友等等，不分亲疏，都表现得恭敬忠诚，所以人们称他为"佛菩萨"。

康熙壬戌年（1682），徽州太守林公要在岩寺镇中推举乡约的人选，并设立了"旌善"、"纪过"两本册子，分别记载被推选人的善行与过错。全岩寺镇人都合力推举佘兆鼎，在"旌善"册上写满了他的事迹，最后大书道："实行孝友，束憤其身，善人之称，遐迩啧啧。"这是对他很高的评价。徽州府司马刘公书写了"孝能养志"四字匾额以作表彰。而歙县县令靳治荆则书写"一乡善士"予以旌表。

（张恺编写）

二、教子

勿求珠玉富　但望子孙贤

头上有天须自畏　眼前无事更须防

事能知足心常惬　人到无求品自高

苟有恒何必三更眠五更起　最无益莫过一日曝十日寒

惜衣惜食非为惜财缘惜福　求名求利但须求己莫求人

——徽州楹联

蒙养教育，自古重之

豫[①]蒙养[②]教育之道，自古重之。八岁入小学，十五入大学，是以子弟无弃材，罔不成材。然此乃修身养性，道德教也，不在勋名。今者学校林立，亦有大学、中学、小学各校，其进级有差。大同之世，华夷合撰，学究中西，不得株守一家。但成人在始，始基勿坏，驯至学成，乃称完璧。推之为士、为农、为工商，分科造就，无不因教育而成，无不自蒙养而始，此蒙养之所以当豫也。

豫则立，不豫则废。勤职业，士农工商，业虽不同，皆有本职。昔韩昌黎有言曰："业精于勤"。勤则职业修，然所谓勤，非徒尽力，实要尽道。如士首德行，次文艺。勿以读书识字舞文弄法，造谣书状。在家勿以好名干公署，在邦勿以通贿玷官声。农者勿逋租税，工者勿作淫巧，商贾勿纨绔冶遊，勿嗜好荡废。并不得于四民外为僧道、为胥隶、为妓馆伶台，有一于此，率非其职，务非其业，罪坐本人并房长，分别据实除名。他如藉端讲讼，预修祈福，敛财演戏，皆足以荒废职业者，一切戒绝之。

——《桂林洪氏宗谱·宗规》

注释 ①豫：通“预”。　②蒙养：是指儿童教育。

翻译 预先计划儿童教育之道，自古以来都非常重视。现在八岁入小学，十五岁入大学，所以子弟无不成材。然而这里讲的是修身养性，即道德教育，不在功名。今天学校林立，也有大学、中学、小学各类学校，每类都有差别。大同之世，华夷合撰，学贯中西，不能只株守一家。但要成人，在于开始。开始的基础不能坏，这才能渐渐学成，称为完璧。将来再按照为士、为农、为工商的要求，分科造就，无不因教育而成，也无不自蒙养而始，这就是蒙养之所以要预先计划的缘故。

有预先计划则能成功，没有预先计划则失败。士农工商，业虽不同，皆有本职。过去唐代韩愈曾说过“业因为勤而精”的话。勤则职业能干好，然而所谓勤，不是光尽力就行，重要的是尽道。如士，就应首先重德行，其次才是文艺。不要读点书识点字就舞文弄法，造谣生事，在家不要贪名声去公署活动，在官不要收货贿玷污官声。农者不要拖欠赋税，工者不要制作淫巧之器，商贾不要冶游无度，不要淫荡荒废。而且不得于四民之外为僧道、为官府小吏、为妓馆戏子，有一于此，都不是正当职业，一旦查出就要治本人及家长的罪，分别根据事实从宗族除名。其它如借故打官司、预修祈福、敛财唱戏，都是荒废职业的行为，一切都要戒绝。

点评 洪氏宗族非常重视对子孙的培养。所谓“成人在始，始基勿坏，驯至学成，乃称完璧。”一个人要成人，必须重视一开始打好基础，尤其是道德基础。他们从蒙养开始，就重视道德教育，这是非常值得我们借鉴的。

作人当以孝悌忠信、礼义廉耻为主

作人当以孝悌忠信、礼义廉耻为主，本为臣忠，为子孝，居家俭，处族和，儒勤读，农勤耕，商贾勤货，举动光明，存心正大，谨戒暴怒，做事三思，凡此皆亢宗之事也。能由此者，家道兴隆，吉祥日盛，若卑污苟贱，不耻非为，浮躁狂诞，不自谨饬，逆亲犯上，不顾非议，听信谗言，疏离骨肉，懒惰不学，奢侈败荡，狠戾自用，与众不睦，破巢取卵，结党外人，轻言妄动，起衅生事，此皆辱宗之事也。倘有犯此者，亡身丧室，众所贱恶。一祸一福，皎然明白，稍知自爱者，可不知所决择乎？因书于谱以示鉴戒。

峰罗先生家书云："为人祖宗父兄惟愿有好子弟，所谓好子弟者，非好田宅，好衣服，好官爵，一时夸耀乡里也。谓有好名节，与日月争辉，足以安国家，风四夷，奠苍生，垂后世。若只求饱暖，习势利，则所谓恶子弟也。在家足以辱祖宗，殃子孙，害身家。出而仕也，足以污朝廷，祸天下，负后世。此岂祖宗父兄之所愿哉？吾愿叔父之子侄戒之。共促成我做成天地间一个完人。盖未有治国不由齐家者，不扰官府，不尚奢侈，弟让其兄，侄让其叔，妇敬其夫，奴恭其主，只要得一忍字，一让字，便齐得家也。若使我以区区官势来齐家，不以礼义相告，便成下等人耳。"观此一书，便见人当以天下第一等事业自期待，不可徒羡光荣而饱者矣，且居官齐家之法，备见数语，真有道者之言也，故录于篇以为后之有志者告云。

——《绩溪西关章氏家训》

点评 绩溪章氏宗族家训中提出做人的标准就是八个字：孝、悌、忠、信、礼、义、廉、耻。做到了这八个字，宗族就会兴旺；违背了这八个字，宗族就会衰败。归根到底就是做人，要做个好人，这对于我们今天来说也是有教育意义的。峰罗先生更是提出了什么叫“好子弟”？他认为“好子弟”就是有“好名节”，而不是有什么“好田宅，好衣服，好官爵，一时夸耀乡里也。”说到底还是做好人才是好子弟。反观我们今天，评价自己的儿女是否成功，有的人就看他们是否有豪宅、买豪车，是否做大官、拿高薪，这些人的价值观与古人相比，难道不是天壤之别吗？

人子或因自幼娇纵，养成狠暴；或因娶妻育子，惑于私昵，遂为忤逆不孝，初犯罪该致死，姑从宽规外，倍加议罚，三犯不悛呈官置之典刑，父母姑息容忍者，并罚父母。

——黟县《环山余氏谱·家规》

人所藉以光宗耀祖者，非子孙之贤智乎，然不皆生而贤智，而涵养[①]居多。慨乎爱溺禽犊[②]者，既不能以身诲，金重义轻者，又不能聘人以诲，徒以丰硕之家，付诸不中、不才之子弟，其不殒越荡坏者，倖耳，安望其克振家声哉？故子孙须训。

——《绩溪姚氏家规》

注释 ①涵养，是指滋润养育；培养。　②禽犊：指鸟兽疼爱幼仔，比喻父母溺爱子女。

翻译 人们得以光宗耀祖，难道不是靠子孙的贤明和智慧吗？但是不是所有子孙都是生来就贤明和智慧的，大多是靠培养而成的。令人感慨的是，那些溺爱子弟的父母，既然不能以身作则，教诲子弟，那些重钱轻义的父母又舍不得聘人来教育子弟，只能以丰富的家产，交给那些没用不才的子弟，这样的人能够不败坏家产，已经非常意外了，难道还能指望他们振兴家业吗？所以子孙必须要加以培养。

凡人非上智，未有不由教而善者，如古妊妇有胎教[①]之法，《礼·内则》有始学之教，皆不可不知。即今常情教小子者，能言教之称呼及唱喏[②]（rě），务从容和顺，不可教以戏谑诙笑。四五岁教之谦恭逊让，以收其放逸之心，温和安静，以消其刚猛之气，有不识长幼尊卑者，诃（hē）禁之。七岁则入小学，读蒙童杂字、《孝经》等书，即与训解，教以孝弟忠信礼义廉耻，以养其心，教以洒扫应对进退，以养其身，教以忠孝、诗章、歌咏，以养其性情。稍长而聪明者，出就外傅[③]，渐次读《语》、《孟》等书，庶几少成若天性，习惯如自然，而大人[④]之本实立矣。

——《黄山岘阳孙氏家规》

注释 ①胎教：古人认为，胎儿在母体中能够容易被孕妇情绪、言行同化，所以孕妇必需谨守礼仪，给胎儿以良好的影响，名为胎教。 ②唱喏：古代男子所行之礼，叉手行礼，同时出声致敬。 ③外傅：古代贵族子弟至一定年龄，出外就学，所从之师称外傅。与内傅相对。 ④大人：此指德行高尚、志趣高远的人。

翻译 常人都不具有上等智慧，没有不经过教育而自觉从善的。如古代怀孕妇女有胎教之法，《礼记·内则》篇有小孩开始学习时的教育，这些都不可不知。今天通常教育小孩，要教其怎么称呼或应答别人，一定要从容和顺，不能教他们随便玩笑。四五岁教育他谦恭逊让，以收敛其放纵逸乐之心；教其温和安静，以消除他的刚猛之气，有分不清长幼尊卑者，大人要禁止他。七岁进小学，识童蒙杂字，读《孝经》等书，并给予解释，教以孝悌忠信礼义廉耻，以培养其心性；教以洒扫应对进退，以培养其身体；教以忠信、诗章、歌咏，以培养其性情。稍长而聪明的人，逐渐读《论语》、《孟子》等书，这样或许能够培养其天性，习惯成自然，而德行高尚之人的根本就建立起来了。

天下之本在国，国之本在家，家之本在身。诚意正心，所以修身也。故大学[①]之道[②]，必首之以明德。《易》曰："蒙以养正，圣功也。"[③]

所谓养正者，教之以正性也。家塾之师，必择正学端严可为师法者为之。苟非其人，则童稚之学以先入之言为主，教之不正，适为终身之误。若曰童稚无知，不必求择明师，此不知教者也。

——《新安王氏家范十条》

注释 ①大学：一指博学；二指“大人之学”。古人八岁入小学，学习“洒扫应对进退、礼乐射御书数”等文化基础知识和礼节；十五岁入大学，学习伦理、政治、哲学等“穷理正心，修己治人”的学问。　②道：本义是道路，引申为规律、原则等。　③“蒙以养正，圣功也”：启蒙是为了培养纯正无邪的品质，这是圣人的成功之路。

翻译 天下的根本在国家，国家的根本在家庭，家庭的根本在自身。所以有真诚的心意才能端正心思，这就是修身啊。所以大学的规律，首先是使自己的品德光明正大。《易经》说：“启蒙是为了培养纯正无邪的品质，这是圣人的成功之路。”所谓养正者，就是使自己的品性纯正。家塾的教师一定要选择那些学问纯正、品行端正严格可以学习的人来做。如果不是这样的人，则儿童学习，总是先入为主，教其不正确的东西，就要贻误其终身。如果说小孩无知，不必选择好教师，这是不懂教育啊。

徽商的教子与嫁女

教子、嫁女，人之常事。但不同的人由于价值观不同，教子与嫁女的做法就会千差万别。近来检阅有关史籍，发现几条徽商教子嫁女的材料，很有意思，读来也颇能发人深思。

清代嘉庆年间的许仁，字静夫，号耕余，徽州歙县人。他从小聪颖好学，因家境贫苦，只得弃儒经商。许仁贾而好儒，经商之余，仍然孜孜不倦地读书，“夜执卷吟哦，每至烛见跋（尾）始休”，著有《丛桂山房诗稿》行世。许仁也做过大量善事。道光十年（1830），芜湖发大水，凤林、麻浦二圩堤溃，圩区一片泽国。许仁正好从汉口来芜，见此情形立即主持救灾，采取“以工代赈”的办法重新修筑圩堤。第二年春天，堤防刚刚竣工，夏季洪水又来袭，漫圩堤丈许。许仁又毅然担起赈灾责任，他雇船“载老弱废疾置之高地”，“设席棚，给饼馒，寒为之衣，病为之药”，还为农民代养耕牛；水退之后又分发麦种，“倡捐巨万，独任其劳，人忘其灾。”许仁曾制定凤林、麻浦《二圩通力合作章程》十六条，让百姓奉行。正因为许仁为芜湖百姓做了这么多好事，所以他去世后，“芜湖人感其德，请于官，立祠于凤林圩之殷家山，祀焉。”一个商人，能够得到百姓如此真心爱戴，真是难能可贵。许仁有四个儿子，第三子许文深曾为海南巡检（从九品官），赴任之际，许仁特意写了一首《示儿》长诗，诗云：

> 昨读尔叔书，云尔赴广东。交亲为尔喜，我心殊忡忡。
> 此邦多宝玉，侈靡成乡风。须知微末吏，服用何可丰。
> 需次在省垣，笔墨闲研攻。懔慎事上官，同侪互寅恭。
> 巡检辖地方，捕盗才著功。锄恶扶善良，振作毋疲癃。
> 用刑慎勿滥，严酷多招凶。勿以尔是官，而敢凌愚蒙。
> 勿以尔官卑，而敢如聩聋。我游湘汉间，声息频相通。
> 闻尔为好官，欢胜列鼎供。况承钜公知，宜副期望衷。
> 勉尔以篇章，言尽心无穷。

这件事及诗文见于《歙事闲谭》卷七。意思是说，昨天接你叔叔来信，得知你将去广东赴任。亲戚都为你高兴，我却为你担心。为什么呢？听说这里盛产宝玉，奢侈靡费已成风气。你要知道你只是一个微末小吏，衣服日用怎能贪图享受呢？你还要到省里等候补缺，一有闲空就应刻苦读书。对待上司要小心谨慎，对待同事要谦逊有礼。你担任巡检一职，稽查捕盗才能立功。你一定要锄恶扶善，不能尸位素餐。用刑一定要谨慎，滥用严刑必然招致祸端。你不要以为你是个官，就敢欺压百姓了，也不要以为巡检只是一个小官，就可以装聋作哑，敷衍了事。我在湘汉经商，信息还是灵通的。听说你是好官，我会非常高兴。况且你被任命，是得到上级的信托，就不能辜负他们的期望。这篇勉励你的文字虽短，但我心里对你的期望是无穷的。

儿子接到这首诗后，自然非常感动，史载许文深“官佛山时，常悬座右，故能廉洁自守，民情爱戴”。显然他是牢牢记住了父亲的教导并努力践行的。

《松心文抄》云:“小琴(许文深字)官粤三十余年,九龙司、五斗司、沙湾司三任巡检,勤于缉捕,所至咸得民心。去任之日,士民沿途欢送,去后犹称道不衰。”显然他没有辜负父亲的谆谆教诲,成为一位造福一方、口碑甚佳的好官。

另有一位徽商吴廷枚,歙县人,寓居江苏东台安丰镇,平时经商之余好学耽吟,曾著有《鸥亭诗钞》。女儿出嫁时,他没有大操大办,作为商人,他不是没钱,但他并没有为女儿准备丰厚的嫁妆大摆阔气,而是写了一首《嫁女诗》赠送女儿:

年刚十七便从夫,几句衷肠要听吾:
只当弟兄和妯娌,譬如父母事翁姑;
重重姻娅厚非泛,薄薄妆奁胜似无;
一个人家好媳妇,黄金难买此称呼。

这个故事保存于嘉庆《东台县志》卷30《传十一·流寓》(清道光十年增刻本)。吴廷枚教育女儿到了夫家后,要把妯娌当成自己的兄弟一样和睦相处,对待公婆要像对待父母一样孝敬。夫家的亲戚很多,都要热情相待。我给你的嫁妆虽然不多,但比没有要强吧。你要知道,如果别人夸你是人家的一个好媳妇,这是黄金也买不到的啊。短短八句诗表现了一个商人不跟风摆阔、崇尚孝义的不俗境界。

两个普普通通的商人无论教子还是嫁女,都有一个共同点,就是教育他们如何做人。做官要当一个清官,做媳妇要做一个好媳妇。他们为什么能有这样的境界?不仅是他们有文化,最重要的是明事理。他们知道,这是做人的底线和准则,越过了这个底线,违背了这个准则,绝没有好结果,这是被无数事实证明了的道理。历史是一面镜子,在这个镜子面前,我们今天应得到借鉴。

读书当知作人为本

(胡作霖)闲居喜聚家人谈古今名人嘉言懿行,尝教其子曰:“读书非徒以取科名，当知作人为本。”噫！斯言也，在当时呫哔[①]括帖[②]之士，盖有不知者。而先生醰醰[③]然有味言之，诚杰士也哉！

——民国《黟县四志》卷14《胡在乾先生传》

注释 ①呫哔：同占毕，泛指诵读。 ②括帖：比喻迂腐不切时用之言，泛指科举应试文章。 ③醰醰：音“谭”，醇厚有味。

点评 胡作霖，字在乾，是清代黟县商人。晚年在家闲居时经常与家人谈论古今名人的言论和事迹，以此教育家人。他教育儿子说：“读书不是仅仅为了猎取功名，要学会做人的道理，这才是根本啊！”所以时人评价说，这样的话对于当时那些一心想读书做官的人也是不明白的。而先生能说出这样醇厚有味的话，真是杰出之士啊！作为一个商人，胡作霖有这样的思想境界，真是难能可贵啊。

读书以立品为主

君（许浩，清歙县商人）教子读书作文之法，谆谆曰：“作文以读书为主，读书以立品为主，贪作文而不多读书，犹之莳（音时，栽种义）无根之花，虽得一二日妍丽，其萎可立待也。勤读书而不知立品，譬之敝箧败簏亦尝贮典籍其中，人能使敝箧败簏不沦于粪壤芜秽者哉？”

——清 汪惟宪：《积山先生遗集》卷9《许藻园行状》

点评 许浩关于作文与读书的议论很有道理。他认为，作文以读书为主，读书以立品为主，即读书的目的是为了树立良好的品德。一味去作文，而不去多读书，就像种植无根之花，虽有一二日妍丽，很快就会枯萎。勤读书而不知立品，就像敝箧败簏也曾装过典籍，但并不因此就使敝箧败簏高贵起来，最终敝箧败簏还是要沦为装那些肮脏芜秽东西的盛具的。换句话说，人读书不能立品，最终还是会沦为不好的人。许浩的话，真值得我们三思！

读书必体诸身而淑于世

名为读书人，必要宅心忠厚，无坠先传。求古人嘉言嘉行，必体诸身而淑于世，岂特尚文词、博富贵，以夸荣乡里而已哉！

——民国《黟县四志》卷14《汪赠君卓峰家传》

点评 这是清代黟县商人许源教子说的一番话。许源平时很注意家风的培养，他“律己綦(qí 很，极)严，喜阅先贤格言”。他更注意对子弟的教育，要求子弟读书，要心存忠厚，不要丢失祖宗留下的好东西。读古人嘉言嘉行，一定要身体力行，从而有助于社会，而不是为了显示文词、博求富贵以夸耀乡里的！有这样的教育、这样的家风，所以他的子孙皆能谦虚谨慎。许源家风受到当地人们的一致称赞。

为何读圣贤书

读圣贤书，非徒学文章掇科名已也。

——《婺源县志稿》，抄本。

点评 这是晚清婺源人程执中教育子弟的话。作为一名商人，他非常服膺宋代理学奠基人程颐提出的“四箴”，即视、听、言、动。他认为读圣贤书，不能仅仅为了学文章、取功名，更重要的是立品做人。所以在他的影响下，子弟“虽营商业者，亦有儒风。”这就是家风的力量。

十二字箴言

我祖宗七世温饱，惟食此心田之报。今遗汝十二字：存好心，行好事，说好话，亲好人。

人生学与年俱进，我觉“厚”之一字，一生学不尽亦做不尽也。

——民国　吴吉祜：《丰南志》卷6《艺文志·显考嵩堂府君行述》

点评 清代康熙、乾隆间歙县盐商吴鈵，平生仁心为质，晚年谆谆教育儿子，讲出了上述这番话，可谓他一辈子的人生体悟。他的儿子们后来虽然中了进士，做了大官，但仍然牢记父亲的教诲，身体力行。这十二字可谓“箴言”，要真正做到可就不容易了。“厚”，就是仁厚、宽厚，待人处事，以“厚”为本，我们的家庭和社会就和谐了。

家风正，儿成人

家风如何，对子弟的成长影响极大。家风就是无形的老师，处处时时都在引导着子弟。家风正，子成人；家风歪，子成灾。无数事实证明了这一点。

这里给大家讲一个家风正、子成人的故事。

清代洪乘章，祖籍是徽州人。大约在明代末年，祖先到宁波经商，看到这里环境不错，也就迁居到这里，到乘章这一代已经传了七世了。

按照徽州的习俗，乘章从小就开始读书，而且读得很不错，老师都认为他如果坚持走下去，蟾宫折桂，定当可期。无奈命运之神并不眷顾他，就在他年轻的时候，连续遭到父亲、母亲、兄弟之丧，家境顿时一落千丈。他只得弃儒服贾，转而为商，挑起大家庭的生活重担。

过去，上有父母、长兄，天大的事由他们顶着，如今只有自己还有一个有病的弟弟，已去世的兄和弟还丢下了几个孩子，这个大家全靠自己一个人来撑啊。

乘章感到，这样的大家庭一定要和睦团结，而要做到这一点，自己必须公正无私，要把侄儿当成自己的儿子看待。要培养一个好的家风，这就要从我做起。他一方面经商，一方面照顾大家庭。对已成孤儿的侄子特别优待，衣食婚嫁，一手操办，几十年如一日。

当他第一个儿子出生时，弟弟病情却加重了，眼看不起，弟弟拉着乘章的手哭着说："哥哥肯以此子破例，让他做我的儿子吗？"乘章泪眼汪汪，点头答应。弟弟虽然去世了，但有了这个儿子，总算没有绝后。

乘章自少废儒业，但对读书却有浓厚兴趣，经商之暇，总是捧着书本。很多古文名篇都能背诵。有时和客人喝酒，酒酣之际对客背诵，虽长篇不错一字，实在令人惊叹。乘章之所以这样做，实际上也是一种身教，是做给儿侄们看的。

正是在乘章无形的带动下，儿侄们也都爱读书。乘章为他们请来了当地有名的教师来教导他们。他自己常和别人说："我平时自奉俭朴，但为子侄的教育我舍得花钱。花在教育上的钱是不会白花的。"

每当诸子在塾中上学，他都在家中等着他们放学回来，问他们在白天学的内容。孩子们作文，他一定拿来亲自过目，看到他们进步就十分高兴，看到不足，就给他们指出不足之处。他常对子侄们说："你们读古人书，一定要探究其深意，而且要照着去实行，这对自己才有帮助。"

由于乘章培养了良好的家风，形成了好学上进的正气，所以几个子侄都相继进了县学，成了诸生。后来还相继取得科第功名。虽然此时乘章已经去世了，但乡邻都说，这家孩子如此有出息，都应该归功于洪乘章的教育有方，归功于洪氏家风正啊。

（事见徐时栋：《烟屿楼文集》卷26《赠文林郎山东临淄县知县洪君墓表》）

寡母教子有方

提到历史上母亲教子的故事,恐怕最著名的就是“孟母三迁”和“欧母画荻”的故事了。

所谓“孟母三迁”,指的是战国时孟子母亲为教育孟子三次搬家的故事。孟子小时候,父亲就死了,母亲仉氏守节,决心把孟子培养成人。起初,他家居住的地方离墓地很近,孟子很快就学会了那些出丧时亲人捶胸顿足、痛哭哀号的动作。母亲想:“这个地方不适合孩子居住。”就将家搬到街上,因离杀猪宰羊的地方很近,孟子又学会了做买卖和屠杀的一些动作。母亲又想:“这个地方还是不适合孩子居住。”第三次又将家搬到学宫旁边。夏历每月初一这一天,官员进入文庙,行礼跪拜,揖让进退,孟子见了,一一记住。孟母想:“这才是孩子居住的地方。”就在这里定居下来了。

“欧母画荻”，说的是北宋大文豪欧阳修的母亲教子的故事。欧阳修四岁丧父，母亲郑氏守节自誓，亲自教育欧阳修。由于家庭困难，不能让欧阳修入学，也买不起纸笔，母亲就用芦苇杆（荻）当笔，在沙地上写字教儿子。儿子很快就认识了不少字，母亲又教他诵读许多古人的篇章。启蒙阶段的教育影响了欧阳修的一生，使他终于成为北宋著名的政治家和文学家。

其实像孟母、欧母这样的妇女在徽州商妇中并不少见。很多徽商由于各种原因早逝，商妇就承担起持家育儿的重担，有的取得了相当成功。且看晚清歙县商妇汪嫈（yīng）的故事。

汪嫈出身的汪氏是歙县大族，汪家从祖上就因做盐业生意迁居扬州。盐商富甲一方，而且贾而好儒，所以盐商文化程度都很高。汪嫈父亲还以文学知名于时。汪嫈从小就很聪明伶俐，过目成诵，在父亲的教育下，加上自己的努力，十三四岁就能赋诗，显然她的传统文化功底很厚。

二十一岁时嫁给了盐商程鼎调，程家也是望族，家中十分富裕。由于程鼎调乐善好施但不善经营，家道逐渐中落。结婚后，初生程葰，不幸夭折。过了三年，继生程葆，夫妇俩视若宝贝，慈爱倍至。但汪氏对儿子管教甚严，每天儿子从塾中下学回家，晚上汪氏就在灯下督促儿子复习白天所学功课，而且还为他讲解课文大意，所以程葆进步很快。

本来这是多么幸福的家庭，谁知有一年程鼎调携子返歙归来扬州时，突然身染疾病，竟一病不起。这一年程葆才十一岁。

家中顶梁柱倒了，盐业生意也做不成了，家境顿时陷入困境。为了维持生计，汪嫈就帮人做针线活。亲戚都劝汪氏，让程葆弃书习贾，汪氏坚决不同意，发誓要把程葆培养成人。好在十一年来，在母亲的教育下，在家风的影响下，程葆已养成刻苦读书的习惯，生活也很俭朴，这对他今后一生的发展影响极大。母亲为了更好地培养他，依靠兄长的帮助，程葆得以继续从师修业。经过若干年的苦读，终于一举成为进士，并且就在京师为官。

儿子终于有了功名，母亲自然非常高兴。当儿子将母亲迎养入京时，母亲仍念念不忘教育儿子如何为官：

> 凡事据理准情，总期无愧于己，有利于物。是在虚心省察，不可偏听，不可轻举。

教育儿子处理事情时，一定要根据情理，要无愧于己，有利于物。因此就要虚心体察，不可偏听偏信，更不能轻举妄动。程葆牢记了母亲的教诲，所以在国家有关部门工作期间，卓然负有清望，受到同事们的好评。

身居官位，首要戒贪。多少官员开始时都很不错，但时间一久，经不住各种诱惑，走上贪婪之路，成为一个千夫所指的大贪官。汪嫈生怕儿子重蹈覆辙，曾在"诫子书"中写道：

> 《易》曰：节以制度，古人俭以养廉，本诸此也。人或昧此，穷而在下，不过仰事俯育，鲜克裕如。达而在上，遂竭民膏侵库贮，无所不至，皆不节故，岂必声色之缘，饮食之奉？穷奉极奢，即慷慨不量力，罄己有限之资供人无厌之求，所谓节者安在？儿善体母心，即节之一言终身守之，处己处人两得之矣。

意思是说，《易经》中说“节以制度。”古人强调俭以养廉，就是据此而来。但有些人往往不明白其中的道理。当初还是穷困的时候，只不过仰事父母，俯育儿女，很少有富裕的。一旦发迹当官，就搜刮民脂民膏，侵贪国库公藏，无所不至。之所以如此，都是因为不懂得“节”之故，难道都是声色饮食的需要？那些穷侈极奢，罄己有限之资供人无厌之求，所谓“节”又在哪里呢？儿子一定要善于体谅母亲之心，“节”之一言终身守之，处己处人都会有收获的。作为一名商人妇，能说出如此深刻的道理，真是反映了她的远见卓识。程葆自然牢记了母亲的教导，自始至终都注意一个“节”字，一直是一位正直廉洁的官员。

每当程葆回忆起母亲教育自己的情形时，总是感慨万分。他曾请画家友人画了一幅《秋灯课子图》，还请名人在上面题咏，可见母亲的教育在他心目中的地位。所谓“少小植基于慈训者深也。”朝中士大夫都说，程葆以孤儿之身能够自立，真是其母辛勤培养的结果啊。

（事见清　刘毓崧：《通义堂文集》卷6《程母汪太宜人家传》）

父亲的悔过之言

道光年间有一名徽商，八岁时父亲就去世了，他承继了一份家业，由于他不善于做生意，又不知勤俭节约，虽然借出的钱也能收到一些利息，但进少出多，根本没有蓄积，所以到了晚年他的资产并没有增加，反倒有所减少。

如今两个儿子已经先后成婚，分家析产，势在必行。想到当初父亲留给自己的家产，几十年来不但没增加，反而减少了，真是愧对双亲啊。当他把家产分给两个儿子时，在分家阄书中深情地写下了这样的文字：

> 汝等须念此为祖宗之辛苦所遗，勿以为薄也。又须谅余之不能简淡，致守不加丰也。夫天之以福泽与人，有如卮者，有如钟者，但知爱惜，则一卮之福，用之而不尽；若恣意狼藉，则盈钟之福，一覆立竭。使余当日稍知节省，应不止于此。今则悔已无及矣。疏广曰：贤而多财，则损其志；愚而多财，则益其过。余未敢言损志也，而过则益矣。惟愿汝等醇谨

立身，名日美而业日成，勿蹈余之前辙，是则余所深望也。勉之。

意思是说，你们分得的这些家产，要知道这是祖宗辛苦劳动所留下的，不要以为少了。还要请你们原谅我由于不能节俭，使这些财产不能增加。要知道，天降福泽与人，有时是一酒杯，很少；有时是一钟，很多。但知爱惜，那一杯的福也用之不尽；如果恣意浪费，那满钟之福，顷刻立尽。我如果当时稍知节省，那财产会远远不止这些。今天已是后悔莫及了。东汉的疏广告老还乡时，将皇帝赐给的20斤黄金以及皇太子赠送的50斤黄金全部散给乡里百姓。他说过，一个贤人如果多财则损其志向，一个愚人而多财，则更加重他的过错。我不敢说损了我的志向，但增加了我的过错则是肯定的。唯愿你们今后要醇谨立身，名声日美而事业日成，千万不能重蹈我的前辙，这是我对你们的厚望。希望能够共勉。

这位不成功的商人用自己的切身教训现身说法，谈了自己对财富的看法，这对两个儿子是有警示作用的。

（事见《道光十九年笃字阄》自序，南京大学历史系资料室藏）

余光徽不为子孙计

（儿子在外从师）先生（余光徽）书以谕之曰："为学当修养身心，艺术为次。"畀（bì 给予）以《阳明先生[1]全集》，谓读此即知行识、裨世用。潘（文熊）见而叹曰："若翁具此见解，非读书有得者不能道。"其平居教子义方，犹不止此。有劝广置田产为子孙计者，笑曰："唯否，予宁倾其所有以济人应世，不愿遗金满篇，留后昆余荫，用养其惰而害之也。"闻者韪之。

——民国《黟县四志》卷14《余光徽传》

注释 ①阳明先生：即明代著名的思想家、文学家、哲学家和军事家王守仁（1472—1529），字伯安，别号阳明。浙江绍兴府余姚县（今属宁波余姚）

人，因曾筑室于会稽山阳明洞，自号阳明子，学者称之为阳明先生，亦称王阳明。王守仁是陆王心学之集大成者，精通儒家、道家、佛家之学。晚年官至南京兵部尚书、都察院左都御史。因平定宸濠之乱军功而被封为新建伯，隆庆年间追赠新建侯。其学术思想传至中国、日本、朝鲜半岛以及东南亚，立德、立言于一身，成就冠绝有明一代。谥文成，故后人又称王文成公。

点评 黟县商人余光徽的儿子余翰元在外跟随著名学者潘文熊学习，余光徽在给他的信中说："为学首先应修身养性，作文艺术倒在其次。"他又给儿子寄去《阳明先生全集》，告诉儿子读此书即知怎么行动，对社会有用。潘文熊知道后感叹道："你的父亲这样的见解，如果不是读书有得者是说不出来的。"光徽平时教子有方，还不止这些。有人劝光徽广置田产留给子孙后代，光徽笑着说："不行！我宁可倾其所有以帮助别人接济社会，也不愿遗金满筐留给后代，因那样就会培养其懒惰而害了他们。"听到的人无不表示赞同。这是多么高的思想境界！当今那些给子女买别墅、购宝马、甚至1700万嫁女的土豪们，在这位商人面前显得多么渺小啊。

一位典商的训戒

敦品

窃我新安一府六邑，十室九商，经营四出，俗有"无徽不成市"之语，殆以此欤。况复人情綦厚，乡谊尤敦.因亲带友，培植义笃，蹈规循矩，取信场面。兼之酌定三年一归，平日并无作辍，人之所取，盖因此也。所以学生带出习业，荐亦甚易。用者亦贪喜其幼龄远出，婚娶方归，刻苦勤劳，尽心于事。人因是益见重矣。今者人心不古，半皆游手好闲，不知事重，甘心败事，不顾声名，好者见累于歹人。睹此情形，殊深隐痛。因望诸同人齐心密访，倘遇不肖者出，会馆出场驱逐，俾贤愚勿混，一振规模。

保 名

其一

吾乡风俗，学生出门，或隔七八年，或越十数年，待其习业成就，归家婚娶。还思弱岁告别之时，为父母者无限离愁，依依难舍，此情此状，不堪描摹。即至音问传来，枝栖安适，高堂悬念乃得稍舒。父母爱子之心，子可一日忘乎？为子者须时时以亲望子之心为心，守家教，顺师长，睦同班，遇事勤苦稳重，气量宽大。肯吃亏就是便宜，肯巴结就是本事，视一事如己事。是自始至终，清清楚楚，不用人烦心，久之人固加重，自家亦超出本领。父母闻知，且欣且慰，即亲朋戚党，亦极意赞扬。有女之家，托友委冰（媒人），目为佳子弟焉，选择佳偶，亦甚易易。及归家之日，倚闾者欢迎而归，亲友亦来探望，一时各各答拜，恭敬非常，实为父母增光者也。若不肯习好，不安本分，不知谋业之难，得一枝栖非易，自己以为家中衣食丰足，不在乎此，一朝失业归家，父母赧（nǎn，脸红）然不容，势必投奔戚好，究复谁怜？捶胸追悔，有业不学，归来受辱，走出无路，家门难入。或亲族见之不忍，做好做歹，转劝父母收留，若再想习业，荐引无人。能痛改前过者，凑或积资本，开设滚当，架人局开设小押。其次小贩肩挑，强糊其口。甚有改悔，恶习渐长，朽木难雕，家声玷尽矣。呜呼！此皆人子也，落地之时，爱如掌上之珠，望其长大成人，出人之上，谁料至此不肖乎！愿尔后生习业，精益求精，万勿半途而废，免责回乡之名，以玷辱父母也，斯为孝子矣。

其二

吾乡俗语："当铺学生尿壶锡[①]"。谓无他改，乃弃物也。凡在典学生，务概守分，得能一生始终到老，就是真福。若不守典规，竟无出头之日。何也？另改他业，势所不能，只因从初习惯成自然。关门自大惯，一派充壮惯，目看排场惯，耳听阔气惯，吃惯穿惯，懒惯用惯，高楼大厦登惯，粗工打杂使惯，如改他业，嘴头呆钝，全无应酬，不晓场面，不知世故。居处不能遂心，使令不遂心，吃不遂心，穿不遂心。又无本事，不能得大俸金，用不遂心。有多少委曲于心，以致难改他业。若或强而图之，无非东不成、西不就，误此一生。是谁过耶？劝尔后生急早回头多是路，切莫船到江心补漏迟。

注释 ①当铺学生尿壶锡：已做了尿壶的锡由于一股骚味是再也不能做其他东西了。旧时认为在当铺里学徒如果不好好干而被解雇，出来后也是什么也不能干了。

其三

尔等须知谋一典业，大非容易，真如登天之难，务宜守分，莫负荐者。无故下〔不〕可出门，倘遇正事要行，必须告诸内席，事毕早归。不可轻入茶坊酒肆，不可结伴同游，尤防物议（众多非议），自坏声名。

凡子弟之贤否，基于勤怠奢俭。晨起先于他人，闲暇无事，检点各件，是谓能勤。惟勤生俭，惟俭愈勤，则衣服一切，自然不嫌朴陋。勤非一味操作也，至日中本分要事于毕，或观正书，或阅阴骘文、典业须知、应酬尺牍等书，或学字临帖，或照医书修炼膏丹，以行方便。不独能渐学出本事，亦修身养性之基也。如自甘懒惰，遇事退后，然习染渐深，将典规失守，致误大端。进典甚难，安知出典之甚易哉！吁！可危也，可畏也，其三思之。

节　用

典中学生补用之后就有出息。年幼无知，见来路之易，去路转多，须合人人立簿。登记出入，月终查察。莫使养成骄心，衣食求美，弃旧爱新，种种糟蹋，势所不免，不得不慎。少年之人，不经约束而放者，有几人耶？三年出一状元，三年未必出一经纪。故有好学生，人皆爱如至宝，因难得故也，即以状元观之可也。劝尔后生，人人都要学好，自己多少荣耀，父母多少光辉，荣辱两途，宜早醒悟。

务　实

每见有一种少年人，胸无才识，交运太早，一二事偶尔侥幸早，居然做出得志气象，口出大言，自夸精能无匹，而目中无人矣。然骨格轻佻，毕竟未有不败者。俗云："做到老，学不了。"恁种乡愚，实自不知好歹耳。盖做人之道，须存心忠厚，行事谦和，始可致福。切莫卖乖弄巧，多是多非。或有机密，不可传播于外。书信往来，亦不可豫及大事，可免一生口实。

虚　怀

尔等趁此少年，认真学习本事，替东家出力报效，东伙两皆有益。不可过意高傲，不可自大骄人，不可心存自是，而以他人都非。大凡责人者明，责己者暗，常将责人之心责己，恕己之心恕人，自然心气和平。诸君惟知各典供奉关圣帝君，未知前人忠义二字之意，正要后之人不忘此二字也。食人之禄，忠人之事，同事须明大义。痛痒相关，疾病相顾，亲如昆弟，始终如一，可保永好。则同事聚首一生，可免口角争端，只在各一心中，常存一个忍字。张公九世同居①，只是一个忍字存心耳。

注释　①张公九世同居：张公艺（578—676）郓州寿张（今河南台前县）人。据《旧唐书》卷188载，"郓州寿张人张公艺，九代同居。"公艺正德修身，礼让齐家。制典则、设条款以教戒子侄，是以父慈子孝，兄友弟和，夫正妇顺，姑婉媳听。九代同居，合家九百人。每日鸣鼓会食。养犬百只，亦效家同，缺一不食。唐高宗曾慕名过访，问张何能九世同居？公艺答："老夫自幼接受家训，慈爱宽仁，无殊能，仅诚意待人，一‘忍’字而已。”遂请来纸笔，书百“忍”字以进。高宗连连称善，并赠绢百端，以彰其事。

防误

少年初出习业，凡事宜勤，心要细。遇事争先，莫退人后，未知者不防〔妨〕勤问。晨起洒扫，见字纸，随手捡入字篓。地下拾钱，仍归经手盆上，切莫贪小便宜，不顾名望，贻悔将来。所尤当经心者，凡遇寻包，柜内接进取票，必先登挂号，然后上楼寻包，务先将取票记明字号。万千百号头，某姓当本若干，件数多少，细心对准，方可抽出。切莫粗心大意，倘或舛错，柜上忙中随手发出，例干两造[①]对赔。赔偿之后，柜外来人，犹未满意，吃亏极矣。或柜上留心看出，难免责罚。务必细心对准无讹，卒不吃赔累之苦，此从谨慎来也。且寻包务必用梯，或遇脚跟借力，宜拣粗衣吃得苦者，聊借一踏。切莫不分好歹，糟蹋货物。寻出之货，包洞塞好，恐摊落地。一经摊乱，非但难寻，柜上追货，且受责骂。货觅不着随即通知大者找寻，忙中尤恐前后错误，或误来人正事，赶快两益也。

注释 ①两造：指有关争讼的双方当事人。

炼技

学生晨起，添砚水，磨墨，整理账桌废纸断绳，扫地帚灰。各事做毕，一要齐在柜内，谨候开门。见票寻货，若起落人后，一事未理，典长见之，必加斥责。再，柜上收下银洋，抹净盖印，必先学看，辨其色面花纹之正否，听其声音之好否，真假之分别，认真习学，自然看出而益精矣。晚上学掏取票结取，总覆当出。但算盘书字银洋，件件要精，五者缺一，吃亏非小。况典业之中，进出之大，人皆谓大行大业。见闻多广，天然出色，事事皆能。若不能如此，被人误议，背后嘲笑。混充场面，摇摆人前，顾影自思，亦知愧否！

细心

早晨归包，务必认真，不可将就，虚行做事。现今存箱包多，架上务要整齐。铜锡等物，须得摆好，不可损伤。切莫贪懒，勤力惜物，可获延身。倘若贪懒，糟蹋人家货物，天损阴德。包弄有牌落也，务望认真追查挂好。地下小票，随手捡入字篓。每逢包层，概设字篓以便而放。且归回楼，必须看明某字千百号头，归于原处。切勿贪懒，因其顶仓费事，随意乱归，以了门面。收票复到，忘记何处，误事不小。凡挂牌等事，务要细心，认真对准小票号头、当本件数，不可乱挂，一或错误，因错误赔累非轻。

惜福

凡卷包必须留心，估值看价，为将来升柜地步。衣物上手，务要心存天良，当进之货，视如己物。遇好绸衣，细心翻摺。当衬纸者，用纸衬好。当包纸者，务用纸包，切切莫糟蹋。无论取去满出，一无风渍，方见诸君存心厚道。忠恕待人，获福无量。柜上解草索麻皮钱串，均可答〔搭〕用，莫嫌费手，暗中掷弃。须知物力维艰，在东家虽不计此，而自伤阴德甚大。存箱纸或有极破，而不可再用。遇有包小好包者，将此破纸包之，亦是惜福之道。久存此心，天必顺之。至于刨牌，宜惜刨花。非惜花也，惜字耳，务必细心收拾入炉。各处字篓，朔望扫包楼时，随将字篓带下，捡入字炉。且满货卖客，向有旧章。衣不解带，提衣不让，典规皆同。凡遇器皿铜锡等项，不可损坏。或原来有盘盖千头等物，务必寻齐配好，此亦存心忠厚之道。若遇衣客遗下物件，捡必归还，切莫贪小，致败名节，务宜慎之。再者，栈房之米谷，极易狼藉。

职司其事，宜常勤扫，须知一粒之成，亦关农力。

扼要

凡写账缺，极重之任，非儿戏也。宜于早起，端整当簿。随将付出当，过数明白，并要留心票上年月字号无错，随手添好日子。每逢初一，最宜留心，尤恐误用上月之票。无事切莫走开，耐坐少过，倘遇要事，央人代庖，须知责任非轻。若遇粗心，见账上无人，坐下代写，夹张重出，日子写错，关系非轻，望加意焉。

体仁

凡升柜缺，初临场面，切宜仔细，可免错误。宽厚待人，且多主顾。见妇女勿轻戏言，遇童儿更要周到。柜上发货，包内小票务概摸出。乡人无知，最多糟蹋，倘能存心，敬惜字纸，胜于求福名山。若是乡间路途遥远，取赎少带钱文，为数无几，红熟紫钱，何方帮用。自留卖物，未见大亏。再或缺少数文，周全处亦是方便。在我所亏无几，省人周折，都是善事。如遇晦金、铜冲当等情，可恕即恕。及至鸣之地保，警其将来，亦一善处之法。柜外闹事，不执意经官。厚道待人，阴德遗与儿孙也。

防弊

诸君在典，倘遇急需，切莫将自己衣物，当在本典。做相好者，名分攸关，嫌疑宜避。一般认利，不若当于他典，以杜谤言。

择　交

奉劝诸公，切莫滥交。东家将本生利，当不容情，人所共知。情当一端，大痴于己。满下贴包，责有攸归。朋友原在五伦之一，急难通融有之，情当切不可也。我等典业生意，须要谨慎有余，方配典业式样。倘若另换花色，尤恐有始难终。若与人交，须择有道之朋，绝彼无益之友。字义诸字皆正，惟有朋字不正。人在时中往来，无非朋友。尔有我有，此所谓之朋友。今日你东，明日我西，一到时衰运败，昔日热闹浮朋，而今安在哉？所以朋字之不正如此，岂世间不欲结交朋友乎？曰要知人择善而交可也。有能说我之短，教我之长，急难相扶，始终如一，此所谓是我知心，是我真友。除此以外，皆谓之浮友可也。

贻福

人到中年，或因子嗣艰难，追怨典业习不得者，往往有之。余曰：有子弟者，宜习典业。前人定有法度，益于子弟处多。或谓典业习不得者，因自未知其得过人处耳。皆由幼年贪懒，糟蹋人家货物，不惜字纸，纵性欺人，自仗门楼高，遇事有东家出场，送官处处治，俱走上属。因此而骄，故意糟蹋，天之报应。而绝其后，或由此乎？如能忠厚存心，爱惜人物，敬重字纸，穿吃各样，种种爱惜。屡见吃当饭者，孙曾数代，谨事一东，亦多也。如金君厚堂太先生之嗣君，字少堂，于咸丰己卯科举人，于浙江裔籍。此岂非爱惜人物，存心忠厚，天之报施不爽乎。

达观

语云："衣落当房，钱落赌场。"不知爱惜，糟蹋最多。在此场中，最易造孽。尔等后生现习典业，身居大厦之中，日在银钱丛里，丰衣足食，谁晓艰难？大凡典业过处，全在包房。踏进包房，尽是孽地。孽根从幼所积，幼小无知故也。凡习典业者，无好收场，无好结果，何故也？只因眼界看大，习以为常。视人家当进货物，如同草芥。轻弃字纸，随心所欲。不知物力维难，不知来路非易。孽根渐积，日久年深。祖德丧尽，根本全弃。以致有夭年者，有终老无子者。迨至醒悟，追悔已迟。惟望后之君子，责在包房。做一日事，尽一日心。见物惜物，见字惜字。不辞劳苦，勤于检点。出了包房，过就无分。所谓衙门里面好修行，是好做福之地。切莫弄巧贪安，自谓得志，糟蹋过甚，天理难容。愿我同人，勤修所职。现在之福，不可不惜。将来之福，不可不培。惜福延年，家门吉庆。太上曰："祸福无门，惟人自召。"能如是存心，天必赐汝以福耳。

知足

凡人处得意之境，就要想到失意之时。譬如戏场上没有敲不歇之锣鼓，没有穿不尽之衣冠。有生旦，有净丑，有热闹就有凄凉。净丑就是生旦的对头，凄凉就是热闹的结果。仕途上最多净丑，宦海中易得凄凉。通达事理之人，须要在热闹之中，收锣鼓罢。不可到凄凉境上，解带除冠。这几句逆耳之言，不可不记在心上，铭记为望。

点评 这是一位徽商编的《典业须知录》的一部分。这位徽商在“序”中写道：“吾家习典业，至予数传矣。自愧碌碌庸才，虚延岁月，兹承友人邀办惟善堂事，于身闲静坐时，追思往昔，寡过未能欲盖前愆，思补之术，因拟典业糟蹋情由汇成一册，以劝将来。不敢自以为是，质诸同人，佥以为可，并愿堂中助资刊印，分送各典，使习业后辈，人人案头藏置一本，得暇熟玩，或当有观感兴起者，则此册未始无小补云尔。”可知这位徽商是世代经营典业，自然积累了丰富的经验，他所谈的当是他一辈甚至包括先辈积累的经验，其价值是相当高的。

我们选的这一部分完全是教育典当铺中的学徒的。他认为，典当铺的学徒，不是仅仅学点技术就可以了，更重要的是培养品德，要能成人。他亲眼看到有些学徒中存在的种种现象，都反映出一个人的品行问题。因此，品德教育是第一位的。从上述“敦品”、“保名”、“节用”、“务实”、“虚怀”、“防误”、“练技”、“细心”、“惜福”、“扼要”、“体仁”、“防弊”、“择交”、“贻福”、“达观”、“知足”等各个部分来看，绝大多数是属于品德教育。语言直白易懂，说理却很深刻。从六百年徽商的历史来看，徽商之所以能够一代代延续并能发展，徽商对子弟的教育是成功的，而其中最重要的原因就是徽商把品德教育放在首位，即使在经商教育中也不是仅仅传授经商技能，而是仍然以敦品为先，实践证明徽商这样做是完全正确的。

三、修身

处家之道以和为贵

处家之道以和为贵，和生于忍。杜少陵[1]云："忍字敌灾星"。凡事且不可不忍，况处同气之间乎？然人之所以不能忍者，大率以田产资财彼此不均，非礼相加，暂难容忍耳。殊不知兄弟叔侄之相处一世，如逆旅过客适相遭也。田产资财之在我亦如逆旅之资给，适相聚也。世上无百年常在兄弟，亦宁有百年常聚钱谷乎？故凡田产资财之多寡，听受其自然者，不可认真。常为吾家故物，为苦死必争之计，其失礼于我者，亦当春融海涵，无与计较。如卫玠云："人有不及，可以情恕；非意相干，可以理遣。"则能忍能和，而亲亲之义无污矣。

——《绩溪积庆坊葛氏族谱·家训》

注释 ①杜少陵：唐代大诗人杜甫，自号少陵野老。

点评 此条是绩溪葛氏族谱中的"家训"之一。强调处家之道，应以"和"为贵。怎样才能做到"和"呢？就在于"忍"。凡事不可以不忍，何况兄弟之间更应这样。"家训"分析人之所以不能忍，大多因为田产资财分配不均，引起争吵。"家训"认为，兄弟叔侄相处一世，就像旅途上的过客偶然相遇。

田产资财在我手中，也像旅途中的钱财，偶然相聚。世上没有百年常在的兄弟，哪有百年常聚的钱谷呢？因此，自己田产资财的多少，应听其自然，不可较真。如果常为我家故物，盘算苦死必争之计，我就失礼了。应当有宽广的胸怀，不要计较。要像晋朝的卫玠所说的那样："别人有做得不到之处，可以宽恕他；不是故意冒犯，可以按情理处置。"如果能做到能忍能和，那么爱亲人的道理就不会被玷污了。

此番道理说得真好！人们之间的相处，难免会发生一些矛盾，但如果都能做到忍一忍，胸怀宽一些，肚量大一些，我们的社会就和谐了。

富贵功名不可不求，亦不可必求

富贵功名人所共羡，不可以不求，亦不可以必求。惟求之以不求斯可矣。尽其在我，以听其在天，此不求之求也。苟徒知求之求，而不知不求之求，役役于功名富贵之会，若蝇蚁之逐臭寻羶(shān)，无所不至，而卒较其所得，与不求者相去不能以道里计，人算不如天算也。然其为此琐屑寻觅之态，人皆口之取笑。生前贻讥，后世难洗涤矣。先儒有云："水流任急境常静，花落虽频意自闲。"世间功名富贵，花水类耳。此心静定之，天岂可与之俱动。吾人胸次间须以休休自适为贵。

——《绩溪积庆坊葛氏族谱·家训》

点评 此条也是绩溪葛氏族谱中的"家训"之一。认为富贵功名人人都羡慕，不可以不求，但不可以必求，也就是强求。唯求之以不求才可以。尽我自己的努力，结果如何，听天安排，这就是不求之求。如果只一味追求富贵功名，像蝇蚁之逐臭寻羶，无所不至，最后所得与不求相比，相差甚远。人算不如天算啊。如果为追求功名富贵而表现出那种委琐寻觅的样子，别人真要取笑你。生前被人取笑，后世很难洗涤啊。先儒说过："水流任急境常静，花落虽频意自闲。"世间功名富贵，就像花和水一样。我只要心静心定，天也不可让我动。我们的胸怀应以休休自适为贵。

这段话讲了对待功名富贵的辩证法。功名富贵虽然人人都想，正确的做法是，不可以不求，也不可以强求。尽其在我，听其在天。“水流任急境常静，花落虽频意自闲。”这番道理对那些蝇营狗苟、一味追求名利的人，真是一味清醒剂。

无书令人俗

世间物可以益人神智者，书。故凡子孙不可不使读书，惟知读书则识义理，凡事之来，处置得宜，如游刃解牛，自有余地。其上焉者可以致身云霄，卷舒六合，下焉者亦能保身保家。而规为措置，迥异常流，自无村俗气味。苏子云：“无肉令人瘦，无竹令人俗。”无竹犹未俗，而无书则必俗矣。人求免于村俗，不可一日无书。

——《绩溪积庆坊葛氏族谱·家训》

点评 此条也是绩溪葛氏族谱中的“家训”之一。认为世界上能够益人神智的东西只有书，所以子孙不可以不读书。只有读书才能识义理，遇到事情才能处置得宜，游刃有余。明义理的人，最好的可以做高官，理国事，最差的也可以保身保家。识义理的人，办起事来，和常人就是不一样，自然就没有乡村俗气。苏东坡说过：“无肉令人瘦，无竹令人俗。”其实，无竹未必就俗，而不读书则必然俗啊。要想免去身上的那种俗气，就不可一日不读书。

此段“家训”专谈读书的重要性。唯有读书才能明义理，唯有读书才能免俗气。一个人要修身养性，不可一日不读书。说的真有道理啊。

温温恭人，惟德之基

年少子孙须教绝去轻薄相态，盖其幼而气豪，有学问则恃才以傲物，有资财则挟富以凌人。不知学问、资财亦只了得，自己事于人何与？而敢以骄人乎？父兄者必自（疑为制）其志气之飞扬，细加口勒，使之安槽伏枥，而消磨其倔强不平之气。如此不惟作成子弟，做得好人，而亦不至贻累门户。否则其祸有不可胜言者。《诗》云："温温恭人，惟德之基。"此温恭二字，轻薄之药石也，犯此病者不可不服此药。

——《绩溪积庆坊葛氏族谱·家训》

点评 此条也是绩溪葛氏族谱中的"家训"之一。要求年轻的子孙一定要去掉身体的轻薄相。因为青年人年轻气盛，有点学问就恃才傲物，有点钱财就挟富凌人。不知学问、财富也没什么了不得，自己事与别人何干，而敢以骄人呢！作为父兄必须要制止住这种盛气凌人的气势，像给马那样加上口勒，让它乖乖地安心伏在槽里，接受驯养，以消磨其倔强不平之气。只有这样，不仅能使他做成子弟，而且能成为一个好人，也不至于贻累家庭。否则任其发展，祸害就说不尽了。《诗经》写道："温温恭人，惟德之基。"这"温、恭"两字，就是治疗"轻薄"的药物，有此病者不能不服这种药。

此段专论"轻薄"，这是年轻人极易犯的毛病，恃才傲物、挟富凌人，在现实生活中我们常常见到。这就是轻薄，如不改，不仅害己，而且害人、害家，现实中所谓叫嚣"我爸是李刚"以及"美美炫富"之类的人不就是典型吗？几个有好下场！葛氏家训提出父兄有责任管教，而且让他服下"温、恭"之药，真是极有见地。

赌博败家

毋博弈也。博弈本败家戏也，孔圣以人无所用心之不可耳，非教人博弈也，溺意[①]于斯，家业顷消，未有能兴家创业也。

——《祁门锦营郑氏宗谱·祖训》

注释 ①溺意：指心志沉湎于某个方面。

点评 此条是祁门郑氏族谱中的"祖训"之一。这里的博弈，不是指下棋，而是指赌博。规定本族子弟不准赌博。赌博是败家的游戏。孔子曾说过："饱食终日，无所用心，难矣哉！不有博弈乎，为之犹贤乎已。"他在这里是极言一个人不能无所用心，并非教人去赌博啊。如果沉溺于赌博，家业立马就败掉，从来没有赌博能够兴家创业的。古人对赌博的危害认识得非常清楚，所以把禁赌作为"祖训"之一。违背"祖训"是要受到严惩的。而且禁赌不仅是郑氏宗族的规定，很多宗族都有类似的严格要求，所以徽商当中，绝大多数是绝不涉足赌博的。

子孙从小必须读书

子孙不论贫富，年六七岁即命亲师，教以四书，使知礼义以至长大问学有成，气质亦变大，则扬名以显父母，次亦必为谨厚之士，可免废堕家业，且行事亦不失故家气味。其资性鲁钝者，学果不通，亦必责以生理，拘束身心，免使怠惰放逸，陷于邪僻。周益公有云："汉二献皆好书而其传国皆最远，士大夫家其可使读书种子衰息乎。"旨哉斯言，务亦世守。

——《绩溪西关章氏家训》

点评 这是徽州绩溪县西关章氏家训中的一条。可知章氏家族极其重视子弟的读书，只有读书，才能提高自己的气质，才能成人。今后不管是科举入仕或者经商务农，都不会走向邪路。汉代文、景二帝就是因为好读书，所以才传国几百年。士大夫家一定要有读书种子，所谓读书种子就是不仅自己酷爱读书，而且能够传承、影响他人的人。古人多么重视读书啊。

隆师友。夫师以陶铸[①]我，友以砥砺[②]我。虽古圣帝明王，如黄帝事成子，虞舜事善卷，禹事西王国，汤事务光，文武事姜望，皆执弟子礼，未尝自圣焉。今人不逮古人远甚，奈何弁髦[③](biàn máo)其师，吐苴(通"渣")其友，是自弃于贤君子，以故愚益愚也。

——《绩溪姚氏家规》

注释 ①陶铸：比喻造就、培育。 ②砥砺：互相勉励。 ③弁髦：弁，黑色布帽；髦，童子眉际垂发。古代男子行冠礼，先加缁布冠，次加皮弁，后加爵弁，三加后，即弃缁布冠不用，并剃去垂髦，理发为髻。因以"弁髦"喻弃置无用之物。引申为鄙视。

翻译 要重视师友。老师是培养我，朋友是勉励我。即使是古代圣明的帝王，如黄帝拜成子为师，虞舜拜善卷为师，禹拜西王国为师，商汤拜务光为师，周文王、周武王都拜姜望为师，他们都行弟子之礼，未尝自以为圣人。今人与他们相比差得太远了，为什么鄙视老师，把朋友视为土渣，这是自己抛弃贤人君子，所以愚蠢的人就更愚蠢了。

喝雉呼卢[①]，禁同命盗；铺钱斗叶[②]，贱比猪奴。凡属同宗，务戒赌博。创业百年，祖宗何如辛苦；当场一掷，子孙独忍轻抛。族人共勉之。

——《安徽胡氏经麟堂家训·家规》

注释 ①喝雉呼卢：是古代一种赌博游戏，又称五木、樗蒲。在古代，这种博戏十分流行。后来，人们又发明了骰子。骰子一出，五木就没人玩了，但是人们仍将掷骰子之类的赌博习惯地还叫做呼卢喝雉。 ②斗叶：玩叶子赌博，叶子是一种纸牌。

翻译 禁止赌博应该像禁止杀人盗窃一样，赌博的人，其下贱就像猪和奴隶一样。凡是我们同宗的人，一定要戒除赌博恶习。创业百年，祖宗多么辛苦，才积累了一些财产，赌博时把骰子当场一掷(即输个精光)，做子孙的怎忍心将祖宗财产就这样抛出。族人要共同戒勉啊！

家之隆替[①]，关乎妇之贤否。何谓贤？事姑舅以孝顺，奉丈夫以恭敬，待娣姒[②]以温和，接子孙以慈爱，如此之类是也。何谓不贤，淫狎妒忌，恃强凌弱，摇鼓是非，纵意徇情，如此之类是也。呜呼，人同一心，事出多因，福善祸淫，天道昭鉴，为妇人者不可不慎。

——《绩溪东关冯氏存旧家戒·家规》

注释 ①隆替：盛衰。 ②娣姒：古代同夫诸妾之间互称。

翻译 一个家庭的兴旺还是衰落，确实与妇人的是否贤惠有关。什么叫贤惠？对公婆孝顺，对丈夫恭敬，对诸妾温和，对子孙慈爱，这些都叫贤惠。什么叫不贤惠，荒淫妒忌，以强欺弱，播弄是非，随心所欲，曲从私情，这些都是不贤惠。人同此心，事出多因，福善祸淫，天道昭昭，为妇人者一定要谨慎啊。

教子弟抑浮薄，去奸伪。大都谨厚忠信，人所爱敬；轻薄奸伪，人所厌恶。或挟术用智，慢视尊长而不听其教，或睨视[①]尊长而不循其礼，凡我子弟不可习为此风。且士君子[②]立身自有法度，孝友其根本也，器度其规模也，言动其枢机[③]也，节操其质干也。无忠孝则根本蹶，无器度则规模隘，言动不慎则枢机坏，节操不坚则质干[④]朽，纵有聪明徒增罪障，纵有富贵徒益恶孽。《教家要略》："无瑕之玉，可以为国器；孝弟之士，可以为家瑞[⑤]。"又曰："宝玉用之有尽，忠孝享之无穷。"可以观根本矣，当自勖诸。

——《黄山岘阳孙氏家规》

注释 ①睨视：斜眼看人。 ②士君子：有学问而且品德高尚的人。 ③枢机：关键。 ④质干：主体。 ⑤家瑞：家中的吉祥。

翻译 教育子弟一定要抑制轻浮浅薄之行为，去掉奸诈虚伪之恶习。一个人谨慎厚道忠诚信用，就会受到人们的敬爱，轻浮浅薄、奸诈虚伪，就会遭到人们厌恶。有的耍小聪明，傲慢对待尊长而不听其教诲，或鄙视尊长而不遵循礼节，凡我族子弟一定不能染上这种恶习。而且士君子立身自有其行为准则，孝敬和友爱是根本，器度是规模，言行是关健，节操是主体。没有忠孝则根本就倒了，没有器度则规模就狭隘。言动不慎则关键坏了，不能坚守节操则质干就朽了。即使你很聪明，只会徒增你的罪过，即使你富贵，也会徒增你的罪孽。《教育要略》写道："洁白无暇之玉，可成为国家的宝器；做到孝悌的人，是家庭的祥瑞啊！"又说："宝玉有用尽的时候，忠孝是能够享受无穷的。"可以看到根本之所在，大家应当自加勉励。

敬重师傅

师之道。虽天子无北面[①]，所以天作之君，尤复作之师，当天子临雍[②]，太傅[③]在前，少傅[④]在后，而其执酱而馈、执爵而酳[⑤]者，礼何如之。

汉魏言经师[⑥]非难，人师[⑦]为难，人师者为能表帅乎人也，欲以素丝之质附近朱蓝[⑧]。故求入郭林宗[⑨]之门而为之供给、洒扫，盖将步亦步，趋亦趋[⑩]，组豆[⑪]其先生而不仅执经问难已也。因知择师教子自当读诗书，自当课文艺，然必于诗书中讲求道义而使性情心术之间皆从此端正，又必于文艺中发明学问而使品行德望之地皆从此精纯，是所藉于师者非轻，而其人之得为师者更非轻。若轻待其师，不能尽弟子之仪，适以自轻其子弟，若师而自轻，不克正先生之位，又何由使待师者重。要知师道立则善人多，师固自立而亦由立我师者立之，苟敬我师如神明，奉我师如蓍蔡[⑫]，仰之为泰山，瞻之为北斗，而师范宁不昭焉，师资宁不裕焉？是非尊师也，尊其教也，尊师之教即所以为从师者尊也。昔亦谓师严则道尊，道尊则教重，教重则文理明、人品立，孝弟之心油然生矣。师也，傅也，固不得亵[⑬](xiè)而视之者也。

——《古歙义成朱氏祖训·祠规》

注释 ①北面：指面朝北方。古代君主面朝南坐，臣子朝见君主则面朝北，所以对人称臣为北面。　②雍：即辟雍，本为西周天子所设大学，校址圆形，围以水池，前门外有便桥。东汉以后，历代皆有辟雍，作为尊儒学、行典礼的场所，除北宋末年为太学之预备学校（亦称“外学”）外，均为行乡饮、大射或祭祀之礼的地方。　③太傅：古代三公之一，正一品。　④少傅：古代九卿之一，从一品。　⑤执酱而馈、执爵而胤：馈，进食于人；爵，古代用于饮酒的容器，胤，通饮。上句是指天子对老师的尊敬。　⑥经师：旧时指讲授经书的老师。　⑦人师：指德行学问等各方面可以为人表率的人。⑧素丝之质附近朱蓝：本意指纯洁的丝放在朱蓝的旁边，日久就会染上朱蓝。喻指一个人具有纯洁的本质，来接受德行高尚者的熏陶。　⑨郭泰（128—169），字林宗。太原郡介休县（今属山西）人。东汉时期名士，与许劭并称“许郭”，被誉为“介休三贤”之一。郭泰出身寒微，年轻时师从屈伯彦，博通群书，擅长说词，口若悬河，声音嘹亮。他身长八尺，相貌魁伟。与李膺等交游，名重洛阳，被太学生推为领袖。　⑩步亦步，趋亦趋：事事模仿或追随别人。　⑪俎和豆，古代祭祀、宴飨时盛食物用的两种礼器，亦泛指各种礼器。后引申为祭祀和崇奉之意。　⑫蓍蔡：德高望重的人。　⑬亵：轻慢。

翻译 为师的规则。虽然天子不能对别人北面称臣，但天创造了天子，又创造了老师，当天子亲临辟雍，太傅走在前面，少傅跟在后面，天子对他们执酱而馈，执爵而饮，这种礼节何等隆重。汉魏时人说，做一名经师不太难，做一名人师很难，作为人师是要当人表率的，要能够熏陶那些纯洁而愿学习的人。所以求入郭林宗之门的人，愿意供给洒扫，亦步亦趋地学习、崇奉其先生，倒不仅仅是手捧经书，质疑问难而已，而是要学习他那高尚的德行。因此我们知道，择师教子自然要苦读诗书，考核文艺，但是必须要从诗书中讲求道义而使自己的性情心术从此端正，又必须从文艺中发现学问而使自己的品行德望从此精纯，这拜师学习的任务不轻啊，而作为老师的责任更是重大啊！如果怠慢孩子的老师，不能恭恭敬敬行弟子之礼，那实际上是轻视自己的孩子。如果老师自己降低身份，不能端正老师之位，又怎么使别人尊重你呢。要知道，师道能够实行，则好人就多，老师固然要自立，同时也是敬我为师者立之。如能把我师敬若神明，奉为德高望重之人，仰望他像泰山一样，瞻仰他像北斗星一样，如果这样，老师的示范作用还不明亮吗？老师的待遇还不充裕吗？这不是尊重老师个人，而是尊重老师的教育，尊重老师的教育就是老师之所以受尊敬啊。过去也说老师严则师道尊，师道尊则教育重，教育重则文化、道理就明白，人品就得以树立，孝敬友爱之心就会自然而然产生。师，就是傅，传授道的，对老师是不能轻慢的。

立身

《孝经》云："夫孝始于事亲，中于事君，终于立身。"可见立身为孝之大者，身不立则诸般皆无足观[①]，所谓立身一败，万事瓦裂是也。立身之要，在先立志，如士农工商四民之业也，士则读书养气，务师圣贤，不为俗学所囿，次亦砥砺廉隅[②]，卓然[③]自守，或抗迹[④]青云[⑤]，树功名于时，为宗族光宠可也。其余则自处以正，富不骄，贫不谄，见善则效之，不善则去之；勿纵欲，勿怠惰，毋网非分之利，毋逞一朝之忿，各治其业，日有孳孳[⑥]，岂复有干犯名义以玷及祖宗辱及父母者乎？尔后嗣其敬念之。

——《黄山迁源王氏族约家规》

注释 ①足观：值得看。 ②廉隅：品行端方，有气节。 ③卓然：卓越的样子。 ④抗迹：高尚其志行、心迹。 ⑤青云：此指高官显爵。 ⑥孳孳：勤勉不懈的样子。

翻译 《孝经》说："行孝尽孝的开始就是要孝顺父母，长大成人就要忠于国家和君主，最终就是要对他人和社会有所贡献，能实现自己应有的人生价值。"可见立身是孝最大的方面，身不立那就各方面都不值得看了。立身一败，万事都像碎瓦一样裂开了。立身最重要的是要先立志，如士农工商四民之业，士就是读书培养自己的浩然正气，一定要拜圣贤为师，不要被俗学所局限，其次要磨砺自己的节操，卓然自守，或在高官显爵之时也能保持自己高尚的心志，为国家树立功名，为宗族争得荣耀。其他的则要以正自处，富了不骄奢，穷了也不奉承巴结，见到好的就去学习，不好的坚决去掉；不要纵欲，不要懈怠，不要去捞取非分之利，不要去发泄一时的气忿，各干各的事业，每天都勤勉不懈，这样哪会发生违背名义，玷污祖宗、辱及父母的事呢？从此以后你们一定要记住这些。

四、友爱

族中叔侄兄弟，虽有同堂各派不同一，祖宗视之俱是一本所出，务要长幼有序，休戚相关，年时月节，婚姻庆典，各尽亲睦之道。又须如古灵陈先生所谓：父慈子孝，兄友弟恭，夫义妇听，男女有别，子弟有学，乡闾有礼，贫穷患难，亲戚相救，婚姻死丧，邻保相助，无堕农业，无学赌博，无好争讼，无以恶凌善，无以富欺贫，则为礼义之俗矣。

——《绩溪西关章氏家训》

人家兄弟，自幼同父母、同乳、同衣、同床席、同笑语，成童同笔砚、同嬉游，甚相亲，爱至冠娶，后多以财利、言语些少相干，遂生嫌隙，阋墙不睦，甚为悖戾（bèi lì 违逆、乖张），尝诵法昭禅师偈曰："同气连枝各自荣，些些言语莫伤情。一回相见一回老，能得几时为弟兄。"词意蔼然，足以启人友于之爱。

——《绩溪西关章氏家训》

兄弟至亲或前后异母、嫡庶异等，并是同气连枝，兄友弟恭，两相爱恋，当如手足相愿可也。或溺于财产偏听妻言致生间隙，珍臂阋墙

视如旧敌。甚者怀怨不释，延及子孙，以启败亡之祸者，有之。家中倘有不念前弊争长竞短，家长召至中堂，或财产事端，务与分剖明白，其拗曲不让，逞凶斗殴，罚之。第理曲者重罚之。

——黟县《环山余氏谱·家规》

人家兄弟胸中常要把两个念头退一步想：当养生送死时，譬如父母少生一个儿子；当分家受产时，譬如父母多生一个儿子。如此想念，则忿气争心自然瓦解。

——绩溪《坦川汪氏家训》

点评 古人的话讲得多好啊！给父母养生送死时，就想如果父母少生一个儿子，自己还不是要多承担一些责任吗；分家受产时，就想如果父母多生一个儿子，自己还不是要少拿一些吗！这就叫退一步想。退一步海阔天空，凡事能作退一步想，心中就少了怨气和戾气，不仅有利于家庭、社会和谐，而且有利于自己的健康。要知道，气积伤身啊。

父母一本，本不可薄；兄弟同谊，谊不可乖①。故为子者，居常则承颜②顺志，有故则几谏③干蛊④。穷思立身而勿遗其忧，达思显亲而勿遗其玷。为人弟者，行坐谨乎隅随，怨怒戒乎藏宿，饥寒笃同爱之念，急难切鹡鸰⑤之情。《书》曰："立爱惟亲，立敬惟长⑥。"讽诵《书》言而笃行之，则为孝弟人矣。

——《绩溪姚氏家规》

注释 ①乖：违背。　谊：古同"义"。　②承颜：顺承尊长的颜色。谓侍奉尊长。　③几谏：对长辈委婉而和气的劝告。　④干蛊：指儿子能担任父亲不能担任的事业。　⑤鹡鸰：一种嘴细，尾、翅都很长的小鸟，只要一只离群，其余的就都鸣叫起来，寻找同类。亦作“脊令”。比喻兄弟友爱之情。 ⑥立爱惟亲，立敬惟长：出自《尚书·伊训》。长：尊长。对亲朋好友要亲善，对长辈要尊重敬爱。

翻译 父母是我们的根本，根本是不能轻薄的；兄弟同义，义是不能违背的。所以作为儿子，平时要顺承尊长的颜色，顺从他们的志趣，父母有错应委婉而和气的劝告，并承担父亲不能承担的事业。穷困时应立身而不要给父母带来忧虑，发达时应想到如何显耀双亲而不要给他们带来玷污。作为弟弟，行坐要谨慎跟随，有怒有怨要不露声色，饥寒时要忠实贯彻同爱的念头，急难时要有鹡鸰那样的友爱之情。《尚书》说：“对亲朋好友要亲善，对长辈要尊重敬爱。”讽读这句话并切实实行，那就是懂得孝敬和友爱的人了。

载[①]咏《蓼莪》[②]，恩深罔极；兴歌《棠棣》[③]，谊切孔怀[④]。凡属同宗，务敦[⑤]孝弟。蠢而物类，犹知爱敬之良；灵若人群，讵[⑥]昧[⑦]仁义之性。族人共勉之。

——《安徽胡氏经麟堂家训·家规》

注释 ①载：词缀。嵌在动词前边。 ②《蓼莪》：是《诗经》中的一篇。此诗第一、二章以“蓼蓼者莪，匪莪伊蒿”起兴，诗人自恨不如抱娘蒿，而是散生的蒿、蔚，由此而联想到父母的劬劳、劳瘁，就把一个孝子不能行“孝”的悲痛之情呈现出来；第三章用“瓶之罄矣，维罍之耻”开头，讲述自己不得终养父母的原因，将自己不能终养父母的悲恨绝望心情刻画得淋漓尽致；第四章诗人悲诉父母养育恩泽难报，连下九“我”字，体念至深，无限哀痛，有血有泪。全诗以充沛情感表现孝敬父母之美德，对后世影响很大。 ③《棠棣》：《诗经》中的一篇，是一首申述兄弟应该互相友爱的诗。“棠棣”也作“常棣”。后常用以指兄弟。 ④孔怀：兄弟的代称。 ⑤敦：诚心诚意。 ⑥讵：怎么。 ⑦昧：糊涂，不明白。

翻译 吟咏《蓼莪》篇章，就知道父母的恩情是无限的；歌唱《棠棣》篇章，就知道兄弟之情。凡属同宗之人，务必诚心诚意实行孝敬友爱。愚蠢的动物，犹知爱敬，聪明的人类，怎能不明白仁义呢。族人要共同勉励这些道理。

兄弟一体而分，若手足然，试观发祥[①]之家，未有不起于雍睦[②]者也。近世人家兄弟相抵捂，大要有二：溺[③]妻妾之私，以言语相谍[④]；较货财之人，以多寡相争。或因兄弟早亡，或因子侄暴戾，彼此怀怼[⑤]（duì），互相矛盾，甚至兴讼不休，子孙世为寇雠（chóu），良[⑥]可哀也。通族当念同胞之亲，必须平心观理，不惑妻子之言，不听细人之谤，轻财重义，一气同心，父母何等快乐。二亲既殁，亦当缓急相顾，如形之与影，声之与响，乃兴家造福之道，些少财产，些微言语，不以介意。小儿戏嚷，各责其子，不以关心。或有间言，喻令弗辨，则嫌隙不作，而和气自融，外侮不生，家道日昌矣。

——《黄山岘阳孙氏家规》

注释 ①发祥：泛指开始建立基业或兴起。 ②雍睦：和睦。 ③溺：沉迷不误。 ④谍：同喋。 ⑤怼：怨恨。 ⑥良：很。

翻译 兄弟本是一体而分，就像手和足一样。看看那些兴旺之家，没有不起于和睦的。近世人家兄弟之所以有矛盾，主要有两点：一是沉迷于妻妾的私言，以言语喋喋不休；二是计较货财的人，就以多少相争执。有的或因兄弟早亡，或因子侄粗暴，彼此心怀怨恨，互相矛盾，甚至打官司也不罢休，搞得子孙世为仇敌一样，真是很可悲啊！我们全族一定要顾及同胞之亲，必须心平气和看清道理，不要被妻子（只图私利）言语所迷惑，不要听信小人之诽谤，把财看轻一点，把义看重一点，同心同德，父母看到多么快乐。双亲去世后，兄弟之间也应缓急相帮，如形之与影，声之与响一样，这是兴家造福之道，一点财产，一句两句话，不应介意。小儿之间有矛盾，各自责备自己的孩子，不要记在心上。或有挑拨离间的话，不要去听，那么彼此矛盾就不会发生，大家就会和气融融，外人也不敢欺侮，家庭就会兴旺发达。

兄弟之间只可论情

公于伯仲分金，推让不较。尝谓人曰："分产不足羞，可羞是分而争产。兄弟间只可论情，不可论理。论理则争比，侮慢日起；论情则和，和则乖戾不生。"时以为名言。

——歙县《澗洲许氏宗谱》卷之八《时清公行述》

点评 这里的"公"，指的是明末清初歙县人许时清，他出身于商人家庭，自己也是一位商人。在父辈年老分家产时，他与兄弟从不计较得失，推让给兄弟。他曾对人说："分家析产不是丑事，分家时为自己争夺财产才是丑事。兄弟之间分产时只能讲情，不能讲理。如论理则会导致争斗，傲慢冒犯就会逐渐产生；而讲兄弟之情就会和气，只要兄弟之间和气，那就不会做出一些不合情理的事。”他的这番话别人都当成名言。许时清的这番话确实道出了处理兄弟关系的真谛。家庭中的事，如果完全论理，兄弟之间的情分就没了。若论兄弟之间的手足之情，那彼此吃点亏又算什么呢？

吾侄如此，吾愿遂矣

先生讳作霖，字在乾……嗣以兄某某体弱，父令读书，而先生改服贾（gǔ，服贾指做生意）。清同治庚午（1870）兄殁，嫂孙氏年二十一，有遗腹，秘丧不使知。父昕（xīn，太阳将出之时）夕不宁，复多方慰解。及明年送兄榇归，泫然流涕，顾慰嫂曰：“幸嫂有遗腹，若生男令读书成名，继吾兄之志，家事余当独任之，不使分劳，以慰兄在天之灵。”未几生男即征君，勤劬（qú，劳作，苦干）顾覆，爱如己子。长令从同县汤南田、程抑斋二先生专志于学，并远造（意为“去”）兴国，谒万清轩先生师事之。及至应征作宰山东，政声卓然，先生乃喜曰：“今吾侄如此，吾愿遂矣。”

——民国《黟县四志》卷14《胡在乾先生传》

翻译 胡作霖（清代黟县人），字在乾……后来因为兄长体弱，父亲安排他读书，而要作霖经商。1870年兄长去世，嫂孙氏才21岁，因已怀孕，就没有告诉她。父亲为此早晚不安，作霖多方安慰。到了第二年，兄长的灵柩运回，作霖流着泪对嫂嫂说：“幸亏嫂嫂有遗腹，如果将来是男孩，一定让他读书，以继承父志。家事由我一人承担，不要让你操心，以慰我兄在天之灵。”不久，嫂嫂果然生了个男孩，取名征君。作霖辛勤经营，精心呵护，爱如己子。征君长大后就送他到同县的汤南田、程抑斋两位先生那里，专心致志地学习。后又送他到兴国县拜万清轩先生为师。直到征君后来到山东做官，卓有政声，作霖才高兴地说：“今天我侄子能够这样，我的心愿达到了。”

点评 胡作霖在兄长去世后，能够独任其劳，不仅孝养双亲，而且精心培养侄子二十多年，直至他成人成才，充分反映了作霖对兄长深厚的手足之情。

孝友楷模

佘兆鼐，字季重，郡旌孝子，兆鼒季弟也。七岁时，父与伯兄兵阻汴梁，与仲兄兆鼒事母于家。母仇病，言动异常，仲九岁延医煮药于外，他人无敢近者，乃独侍床榻，顷刻不离。人诧其何以不惧，对曰："病者，吾母也，他何知焉。"及贾于宣城，父母每念之，即心动驰归，敬问所欲，必承其欢。伯兄病于金陵，急自宣城奔候，疾笃，或言扬有医某甚良，辄驾扁舟破浪而往求之医，不允，跪泣于其庭者三日。人皆诮让医，医乃行。延登舟，躬执仆役以事之，伯兄终不起。亲同两孤扶旅榇归，将抵家，倍道驰至父前曲为劝慰，恐伤父心。其孝友周挚如此。

——清 佘华瑞：《岩镇志草·孝友续传》

点评 佘兆鼐兄弟从小就表现不寻常，父亲与长兄在外经商，他和二哥陪伴母亲在家。母亲生病，言动异常，别人不敢靠近，九岁的二哥到外请医煮药，七岁的他独自在母亲床前服侍，一刻不离。别人问他为什么不怕，他说："我只知生病的人是我的母亲啊，其他我不知道。"从中可以看出佘家家风多好！尤其是后来长兄在南京生病，他自宣城匆匆赶去，长兄病加剧，他听说扬州某人医术高明，则立即驾舟破浪前往求医，医生不愿出诊，他竟然跪泣于庭院三天，别人看不下去了，都在批评医生，医生乃勉强成行。在船上，他像仆役一样服侍医生，充分反映了他对兄弟的深厚情谊。长兄终于去世，当他护送灵柩快到家时，又提前赶到家，好言宽慰父亲，深怕父亲过度伤心。可以说，佘兆鼐对父母、对兄长真正做到了"孝"和"友"了。难怪他被官府旌表为"孝子"了。

手足情深

君（程尚隆）性行最厚，生九年而孤……兄尚升读书，君以家政自任。年十四即就贾，使兄得一意为学游庠贡成均[①]，久之家渐裕，母使析产，君恻然言："兄食指繁[②]，必合乃相济。"母鉴其诚，罢议。母殁后十年，兄子女毕婚嫁、老屋隘甚，不得已乃始分宅居。兄病笃，医疗罔功，哭祷三昼夜不绝声，兄竟瘳[③]（chōu）。女弟[④]适某家贫，君与兄岁月周之，没齿无间。

——同治《黟县三志》卷154《程君默斋传》

注释 ①游庠贡成均：指在学校里学习。　②食指繁：指吃饭的人口多。　③瘳：病愈。　④女弟：妹妹。

点评 程尚隆是清代黟县商人，因9岁丧父，14岁即出去经商，支撑全家生活，并供养兄长读书。待他致富后，母亲要他与兄长分家，他说："兄长家人口多，只有合在一起才可以互相帮助。"直到十几年后子女结婚，老屋实在住不下了才分家。兄长病了，他祈祷痛哭三天三夜，结果兄长竟病愈了。妹妹出嫁后婆家贫穷，两位哥哥每个月都给予帮助，一直到老都是这样。他们兄弟妹三人的手足友爱之情实在难能可贵！

无为子孙损智益过

周昊……昊居长，服贾赢利俟四弟完聚均分，一无私藏。晚有余财，称贷者众，疾革，尽焚其券，曰："无以是为子孙损智益过。"乾隆间，翚（huī）溪大路倾圮，伐木为桥，以济行人。

——嘉庆《绩溪县志》卷10《人物志·尚义》

点评 周昊是清代绩溪商人，他在家是长兄，外出经商赚了钱后，要等四个弟弟都在场然后均分，“一无私藏”，足见其兄弟友爱之情。尤其是晚年他把别人的借券全部烧毁，认为钱财这东西留给子孙，就会使他们“损（减少）智益（增加）过”。那些拼命为子孙攒钱的人见此不知作何感想？

侍侄厚于子

程肇都……歙人，父业鹾[①]，入籍钱塘。性至孝，父过遂安，经连岭六十里，陟历崎岖，归语肇都，因捐资修砌建亭置宇，以成父志。父母殁，既葬，每朔望[②]必往墓祭，寒暑无间。弟开周夫妇早殁，遗孤五岁，饮食教诲无异己子。及长，出己资而中分之，侄予以半，二子共分其半，谕其子曰："非我于汝等薄也，所以慰先灵也。"

——清 延丰：《重修两浙盐法志》卷25《商籍二·人物》

注释 ①鹾：盐。业鹾，经营盐务。 ②朔望：农历每月初一为朔，十五为望。

点评 作为一名盐商，能捐资做公益，以完成父亲的志愿，家风可见。尤其是父母去世后，弟弟、弟媳又故去，他能将五岁孤侄抚养成人，而且在分配自己资产时，给孤侄一半，而两个儿子共分一半，这种精神感人至深！

友爱兄弟，堪称典范

在江苏太仓，当地百姓一直传颂着一个十分感人的故事。

故事的主人公是一位名叫毕礼的商人。

毕礼虽生活在太仓，但他的祖籍却是徽州歙县。明清时期，徽州由于地少人多，人们大多外出经商，歙县更是几乎家家经商。外出经商的人往往就迁居到外地，毕礼家就是这样。他的祖父到江苏昆山经商，以后就定居在这里。后来他父亲毕祖泰因为做生意的需要，又将家移居到太仓。

父亲生了五个儿子，毕礼排行第三。徽州人非常重视对子女的教育，所以毕礼从小就读书，而且学习非常努力，深得老师喜爱。

可是，由于家庭人口多，负担重，父亲的生意也不尽如人意，生活逐渐困难。见此情形，毕礼只得离开学校，放下书本，去经商养家。读过书的毕礼在商场上和别人就是不一样，他能准确地分析行情，而且笃守信义，虽然生意做得不大，但他一诺千金，从不食言。久而久之，他在当地享有很高的信誉，和他熟悉的朋友都非常信任他。

信任真是用金钱买不到的无价之宝，也会给自己带来意想不到的希望。做生意最重要的是资金，有时资金不凑手，机会就转瞬而逝。毕礼由于家庭并不富裕，常常面临这样的窘境。但由于他的信誉，每逢遇到这样的情况，朋友们竟然争以千金相借，并且都说："右和（毕礼的字）难道会永远贫困吗？"正是由于朋友们的慷慨援手，使毕礼一次次渡过难关，生意也越做越大。经过一二十年的奋斗，竟成了一名富商。

随着毕礼的逐渐致富，父母的年龄也越来越大了。看到毕礼的发迹，父母自然心花怒放，但一看到其他儿子的情况，又是忧心忡忡。在五个儿子中，长子、四子都早亡，各自遗下一个家庭，而次子、季子（最小的儿子）家庭十分贫困。每每念到这些，做父母的能不揪心？

父母的心事，毕礼看在眼里，记在心头。他心里当然清楚：兄弟五人，一兄一弟因病去世，留下两个家庭，还有一兄一弟都不会经营，所以他们几家都很困难，五兄弟中只有自己最富裕，父母虽然想让自己接济几个兄弟，但由于已经分家析产，说不出口，故而心事重重。

毕礼确是个重情重义之人。一天，他郑重其事地对父母说："只要儿在，儿一定不会只顾自己温饱，而让兄弟们无以自存，让侄子们无法立业。父母大人放宽心，儿讲的话一定算数。"

真是血浓于水。听了这番话，父母心中久悬的一块石头终于落了地。

从此以后，毕礼经商更加努力，整个大家庭二十几口人的生活，完全由他一人承担。为了兑现自己的诺言，他定时每月给每人发放生活费，每年给每人发放制衣费。哪个侄子要娶媳妇了，他肯定事先就做好安排，让婚礼办得热热闹闹。哪个侄女要嫁人了，他也是事先把一应嫁妆筹办齐全。父母亲过生日时，毕礼会领着一大家二十几口人前来为父母祝寿。儿子儿媳孙子们围绕在父母身旁，其乐融融，其情洽洽！真忘记了谁是孤儿，谁家穷富，大家都感到生活在这样一个大家庭中真是无比幸福。父母亲看到这些也是心里乐开了花。

过了几年，父母都寿终正寝。毕礼对兄弟子侄，一如既往。几十年如一日，毫无怨言。侄子侄女也把毕礼看成像自己的父亲一样。

毕礼不仅对兄弟子侄这样，对其他乡亲也是有难必帮。凡因急事来借钱的，他总是尽力帮助，有的亲戚到期无钱偿还他人的欠款，毕礼就代为偿还。乡里只要有什么急公义举，毕礼总是带头捐金，并且亲自操办。

毕礼真可称得上友兄爱弟的楷模啊！

金华英孝悌兼备

金华英，字松望，是清代徽州府黟县钟山村人。自幼喜好读书，具有满腹经纶的才学，而且有豪爽的气质，喜好与人交往结谊，所交往的人也多是当世的名士。他也因此捐纳了一个布政司理问的职务。

金华英对父母极为孝顺。有一年，年过半百的父亲贩运一些物资到湖北省出售。由于他没有掌握市场行情、货物盈虚，结果资财耗尽，负债累累，便感觉无颜见江东父老，不肯返归故乡。金华英闻讯后，立即带着资金奔赴湖北，将父亲所欠的债务全部偿还，并劝慰父亲道："事情已经了结，请父亲大人放宽心怀。做生意失败，这在商场上是常有的事，也不只是你一个人，你不必耿耿在怀。现在还是回家乡休养一些日子，再考虑未来。况且，儿子我已经能够在世间立足，你和母亲也不须过度操劳了。"父亲听了他这番劝导，心中的愁烦也就烟消云散，在儿子的陪伴下回到了故乡。而金华英也从此担负起孝养父母的义务。

金华英对几个弟弟也很关爱，不仅满足他们物质上的需要，而且尽力地培养他们读书上进，使他们在良好的环境中成长。

金华英对自己的弟弟是如此关爱，对朋友也是倾心相助。他有一个姓范的朋友。此人有个儿子既不善于经营商务，也不善于料理生活。范某人对金华英的品德与才能都很了解，就把自己积攒的数十两银子托付给金华英，让他作为投资，经商获利。不久，这姓范的朋友便离世了。

数年之后，那范姓朋友的儿子，由于不善于经营料理财务，果然坐吃山空，家资耗尽，由一个较为富裕的人变成了家徒四壁、一无所有的穷人。金华英这些年虽然也经常周济他，但也只能是救急不救穷。这时候，金华英才觉得范家已经到了紧要关头，于是召唤范家子来到家中。

范家子畏畏缩缩地来到金家，以为这位父亲的朋友定会严厉地训斥自己。哪知金华英按照规矩礼仪把他接进厅堂，让他坐下，然后和颜悦色地对他说道："范家贤侄，今日召你前来舍下，不为别事，乃是见你目下已面临穷困之境，我只有把多年前令尊所谆谆托付向你讲明了。"

范家子目下已是一副穷困潦倒的样子，见叔叔辈的金华英召自己前来，自然迅即来到，更何况自己平常也多次受过金的周济。听到金华英这番言语，自然是毕恭毕敬，道："金叔叔有何吩咐，请讲。"

金华英便继续言道："当年，令尊见你不善于经营治理生活，担心你把家财耗尽，于是把他积攒下的数十两银子托付给我，代他经营生息，以备你不虞之需。"说着，他把范姓朋友托付的数十两银子，以及数年来由此产生的利润，共计千两银子，一并拿了出来，说："贤侄，令尊当年只交付给数十两银子，经过几年的运作，现在连本带利已积至千两了，现全数交还给你，希望你好好经营，不要再坐吃山空了。"

范家子不由得大吃一惊，当即跪在金华英膝前，感激涕零地接过银子，并深深作揖道："多谢金叔叔大恩和教诲，愚侄我没齿难忘，定当切记在心，重新做人。"

此后，范家子以此千两银子为本，在金华英不时的指点下，不仅守住了家业，而且还逐渐发展起来。

金华英长得额头宽广，两腮丰润，并有许多须髯，竟有一尺二三寸之长。当时的人们见着他的相貌，听着他的话语，都肃然起敬。他活到 67 岁，安然逝世。

（张恺编写）

孝悌友爱毕周通

毕周通，字行泰，清代徽州府婺源县白石村人。他少年时以读书攻取科举功名为人生的主要目标，但后来因为家境贫困，不得不放弃先前的人生之梦，转而走上经商之途。这是许多徽州人都曾走过的路。

其实经商，虽然在那个时代居于士农工商之末，但收获的效益却并不在末位，很多人都因经商而致富。毕周通也通过经商为自己的生活道路夯实了丰厚的经济基础。于是他对父母十分孝顺，给他们以富裕的物质精神兼备的生活；对弟弟毕周道也十分友爱。这里具体地介绍他对弟弟友爱的事情。毕周道与他年纪相差不多，在人生的各方面都还美好，唯独在子嗣上颇为艰难，先后娶了 4 个妻子，才在近半百年纪时生下一子。这自然视之如心肝宝贝。然而天不佑人，当这个老来子才 3 岁时，毕周道却一病不起，去了另一个世界，丢下了幼小的孤儿。好在这孩子有个慈善的伯父毕周通，像对亲生儿子一样抚育着年幼的侄子，给了他一个良好的成长环境。

毕周通不仅对亲侄子是如此的仁爱，而且对朋友的孤儿也是如此。在与白石村相邻的村子，他有一个姓王的老朋友。此人命运不济，重病降身，久治无效，到了生命的尽头。人生自古谁无死。这姓王的朋友对自己走向末路已经看明，倒也不放在心上，唯一放心不下的是膝下一子名王初喜，尚在幼年，在失去父亲之后该如何度日啊！此时，他想起了白石村的老朋友毕周通，认为毕素来仗义，心地善良，遂把毕请到病榻前，有气无力地托付道："周通兄，你我交往多年，知你是一个行善仗义的人。现如今，我已病入膏肓，在世的日子已经不多了。心中放不下的只有膝下一子，尚在年幼，望仁兄予以多多照应。因病久医，我也耗资不少，现在还存有 60 余两银子。我把它交付给你，以用作今后抚养幼子之资。"毕周通虽然安慰了朋友几句，但也觉得空洞的安慰，不如实际行动，遂接受了老友的嘱托，承担起照应朋友幼子的责任。

毕周通带了故友托付的 60 余两银子回来后，就特地给它另立了一个账簿，并把那些银子投入到商场经营中。他在账簿上严格记清某月某日的收支情况，丝毫都不马虎。

在毕周通的照应下，王初喜一天天长大了。长大的王初喜果然没有维持生计的本领，唯有每日到山中砍柴卖柴度过，自然颇为艰难。毕周通眼看着王初喜已具备自立的能力了，遂选在某日，在家中置备了酒席，邀请王初喜和他的叔叔前来。

酒过三巡，毕周通拿出了王初喜的父亲托交的银子，和后来投入经营，连本带利，已有数百两之多，还有那本专设的账簿，说："是时候了，也该对贤侄有个交代了。"

王初喜不解地问道："毕伯父，您一向对我照应有加，没有您长时期的照应，侄儿我哪有今天。"他的叔叔也这样附和。

毕周通笑道："那也是受你父亲的托付，理该做的，不算什么。"然后，他指着拿出的银子和账簿说，"王家贤侄，这里是令尊临终前交给我代为营运的银子，本钱是60余两，现今已增至数百两了。如今贤侄已经成年，可以自立了，今天当着你叔叔的面，把银子交给你。这是我专立的账簿，进进出出，都记得清清楚楚。况且，你靠每日砍柴卖柴，也不是长久之计。"说着，把银子和账簿交到王初喜的手中。

由于当年王某是私下相托的，所以无人知晓。王家叔侄闻此，是既惊讶，又喜悦。当即双双跪在毕周通跟前，叩首称谢道："如此大恩大德，叫我们如何相报？"

毕周通连忙扶起，说："这只是尽朋友之道而已，不足挂齿。"

当地的人们听说此事后，一个个都拍案称奇，称赞毕周通高尚善义的品德。

毕周通善义的事迹还不止这些。他对当地的公益事业也十分支持。如从他所在的白石村到县城，中间要经过一条泥土山岭，一遇到雨雪的天气，这条土岭便被踩踏成又粘又滑的泥淖，行路之人无不叫苦。毕周通即独力出资，召集工匠，采伐石料，铺砌在泥土岭上，使之成为不忌晴雨的坦途，总计花费130多两银子。其他还有捐资设义渡、抚恤穷困等等义事，可谓终身美德相伴。

不过，毕周通也有不如意之处，他也是老年才得一子，而且当儿子才4岁时，他也病故了。不过好人有好报，他的儿子也在亲朋的抚养下健康成长，成了一名有声望的太学生。而且此后孙辈曾孙辈都一并旺盛。

（张恺编写）

五、睦邻

世事让三分天宽地阔　心田存一点子种孙耕

——黟县西递村"旷古斋"大堂楹联

和邻里

邻里居之相近也，凡事须要相接以礼，盖出乎尔者反乎尔也。必出入相友，守望相助，疾病相扶，患难相恤，方为仁厚之俗。

——《祁门锦营郑氏宗谱·祖训》

点评 此条是祁门郑氏族谱中的"祖训"之一。专讲要和睦邻里。邻里居住相近，凡事要以礼相接，因为出门进门都要相见。一定要做到出入互相友爱，守望互相帮助，疾病互相扶持，患难互相同情，这才是仁厚的家风。今天由于居住、工作习惯，不少邻居间"老死不相往来"的现象还是较普遍的，看来在这方面我们真要向古人学习啊。

毋胥讼

事不得已而求伸于公庭，理之宜也。若以小事小忿而屑屑与人相较，健讼之流耳。虽得舒忿，而家资尚不能守，况未必能舒乎。

——《祁门锦营郑氏宗谱·祖训》

点评 此条也是祁门郑氏族谱中的“祖训”之一。所谓胥讼，就是打官司。事不得已而诉讼于公庭，这也是应该的。如果因为一些小事小忿而与人纠缠不休，非打官司不可，这种人就是讼棍。即使解气了，家资也耗去不少，更何况未必能解气舒忿呢。古人打官司，费时损力耗财，所以不到万不得已不去打官司。小事小忿就应当忍一忍。我们今天虽然正在向法治社会前进，但也不能一遇点争执就诉讼，很多事情忍一忍也就过去了。退一步海阔天空。事事上法庭、争曲直，这并不符合建立和谐社会的要求。

毋虐寡弱

寡弱家之不能无也，有一等人因他寡弱，就要剥他肥己，少有不顺，则恃人众势强，视他如粪土。会不思天理循环，今虽寡弱，安知后日不众强乎？今虽众强，亦安知后日不寡弱乎？

——《祁门锦营郑氏宗谱·祖训》

点评 此条也是祁门郑氏族谱中的"祖训"之一。专谈不准虐待寡弱。寡弱之家时时都有，有一些人就因他寡弱，就要占他便宜，剥他肥己，稍有不顺，就依仗人多势众欺侮他，视他如粪土。难道就不想想天理是循环不已的，今天寡弱，能知以后不变成众强吗？今天众强，能知以后不变成寡弱吗？

此段两点值得我们注意：一是古人很懂得事物转化的辩证道理，可今天竟然有人却不懂得这个道理；二是古人宅心仁厚，处处同情弱者。这不正是我们今天应该提倡的吗？

毋斗争

斗争是不能忍耳，思上辱其亲、下亡其身，皆由于斯，则斗争尤不可不忍也。纵无大咎，亦伤大义，终非睦族之道。

——《祁门锦营郑氏宗谱·祖训》

点评 此条也是祁门郑氏族谱中的"祖训"之一。要求族众不准争斗。争斗的发生是由于不能忍，想想那些上辱其亲、下亡其身的事之所以发生，都是因为不能忍，所以争斗不能不忍啊。有些争斗，纵使无大错，也伤大义，终究不是睦族之道。古人谈到睦邻时非常强调"忍"及"和"，这不仅是一个好家风的重要体现，也是待人处事的重要原则。在今天这样的时代，尤值得我们借鉴。

睦宗族

睦族之要有三：曰尊尊，曰老老，曰幼幼。所谓尊尊者何？或身膺民社①以勋绩著，或望隆②国士③以才学称，尊者而可不尊之乎。所谓老老者何？福有五，寿为先；尊有三，齿居一。乡举介宾之礼④，国推养老之恩，老者而不可老之乎。所谓幼幼者何？《康诰》曰："如保赤子"，具有亲爱提携之义。施以教育，则孝子有追，成人有德，幼而可不幼之乎。此外有厄于天命者曰鳏寡、曰孤独，逆于当境者曰穷急、曰忿争。鳏寡则矜悯之，孤独则体恤之，穷急则周拯之，忿争则排解之。一族之大，贫富不等，富者捐金以赈贫族，为之置义田、义仓，建义塾、义冢。教养有资，生死无憾，则同族皆感激矣，善乎！文正公之言曰："宗族于吾固有亲疏，自祖宗视之均是子孙，实无亲疏。"合一族为一家，和亲康乐，人造其福，天降之祥。

——《桂林洪氏宗谱·宗规》

注释 ①身膺民社：指州、县长官或地方官员。 ②望隆：崇高的名望和声誉。 ③国士：一国中最优秀的人物。 ④介宾之礼：即乡饮酒礼，这是古代的一种嘉礼，是乡人以时聚会宴饮的礼仪。乡饮酒礼约分四类：第一，三年大比，诸侯之乡大夫向其君举荐贤能之士，在乡学中与之会饮，待以宾礼。第二，乡大夫以宾礼宴饮国中贤者。第三，州长于春、秋会民习射，射前饮酒。第四，党正于季冬蜡祭饮酒。《礼记·射义》说，"乡饮酒礼者，所以明长幼之序也。"乡饮酒礼时，主持人称诞或介宾。

翻译 和睦宗族重要的要做到三点：这就是尊敬应该尊敬的人，用敬老之道侍奉老人，用慈爱之心关照幼儿。什么叫做尊敬应该尊敬的人呢？那些身负重任，卓著功劳的人，或才学精湛，最为优秀的人，这些本该尊敬的人能不尊敬吗？什么叫用敬老之道侍奉老人呢？福有五种（长寿、富贵、康宁、好德、善终），长寿为先；三种尊敬的人（君、父、师），年龄是其中之一。乡村中有乡饮酒礼，国家有养老的恩令，难道老者不应该受到尊敬吗？《康诰》说："像保护婴儿一样。"具有慈爱、提携的意义。对幼儿进行教育，则有可能成为孝子，成为有德的人，幼儿难道不应该去慈爱吗？此外还有那些命运不好的鳏寡孤独的人、处境不好的穷急之人、争斗之人。鳏寡者应怜悯他，孤独者应照顾他，穷急者应帮助他，争斗者应和解他。一个那么大的宗族，贫富不等，富有的人捐助贫困的人，为他们购置义田、义仓，建造义塾、义冢。教育、抚养有了依靠，生死也无憾了，则同族都感激啊。这真是大好事啊！文正公曾说过："宗族对我来说，固然有亲有疏，但从祖宗的角度来看他们都是子孙，实在没有亲疏之别。"把一族当成一家，和亲康乐，人造其福，天也会降临祥和的。

恤邻亲邻里乡党[①]及异姓亲友，皆以义相合者。尊于我者，亦我尊长，宜如尊长之敬；少于我者，亦我卑幼，宜如卑幼之爱。危迫急难，量力赒（zhōu）助[②]；田地相近，逊让界畔；借换财物，不得吝悋（lìn，同吝）；节序期会，不嫌菲薄，务莫遗忘。盗贼水火协力救护，不可乘机掠取。有所假贷，随力给予，而假者亦须竭力偿还，但不必计利。不得以强凌弱，委曲扶持。或以小事相争，曲为劝解和释，语言嫌隙不可介怀。佃仆儿童相犯各治之，六畜相践各收之。以此相劝相勉，共成仁厚之风。

——《黄山岘阳孙氏家规》

注释 ①乡党：古代五百家为党，一万二千五百家为乡，合而称乡党。泛指一乡之人。　②赒助：接济、救济。

翻译 同乡之人及异姓亲友，都应以义相交。尊于我者，也是我的尊长，应该尊敬他们；比我年龄小者，也是我的卑幼，应该爱护他们。他们有危迫急难的时候，我们应量力给予接济；田地相近，在边界上就不要那么计较，要能够谦让;借换财物时,不要吝啬;每逢节日别人请我聚会吃饭,不要嫌人家饭菜菲薄,而且一定要记住别人的情分。别人遇到盗贼水火之灾,一定要协力救护,决不能乘机掠取。有所借贷,要量力给予帮助,借者当然也要竭力偿还,但在我不要计算利息。不得以强凌弱,而要委曲扶持。如果因为小事相争,应当劝解双方消除隔阂,对方语言方面的不妥不要记在心里。佃仆儿童相犯双方各自惩治,六畜互相打斗各自将牲畜赶回。如能以此相劝相勉,那么仁厚之风就可形成了。

从古以来,未有不因恃势而取败者。强如秦,富如晋,使能忘强富,岂非长久之道?有天下者尚如此,况其他乎?子弟辈苟或以力、以财欺人,是皆倚势者也。安知势之强于我者,不亦以势而制我?正宜以此自反,虽有势而不为势所使,便是守身保家之道。

——《新安王氏家范十条》

翻译 从古以来没有不因倚仗权势而失败的。像秦朝那样的强盛,像西晋那样的富有,假如能够忘掉强和富,难道不是长久之道吗?有天下者尚且如此,更何况其他人了。子弟辈中如果谁以力以财欺侮人,这都是倚势。你怎知道势头强于我的人,不也以势而制我呢?正应该以此自返,虽有势而不为势所驱使,这才是守身保家之道。

凡事毋占便宜

我先人重厚一生,谕我曰:“凡事毋占便宜”,今我每学吃亏,汝曹当奉为则儆!

圣贤书中道理无穷,吾人开卷有益,得力一二字,即终身受用不尽,岂必读书人始事于诗书哉!

读书为保家之本，行事无巨细，在自勇为，汝曹勉之以慰吾志。

——《屏山朱氏重修宗谱》卷7《封翁朴园朱君传》

点评 这是商人朱作楹对儿子讲的三段话。朱作楹是清代黟县商人。秉性孝友，恭厚待人，他教育儿子“凡事毋占便宜”，自己也“每学吃亏”。父亲去世，选葬地时，别人建议说祖墓旁那块地是吉地，但他不愿将父亲葬在那儿，问他为什么？他说：“既然是块吉地，谁不想要？为祖业争之者必多，我不能开启这个争端。”这就是“凡事毋占便宜”。他的后人确实像他要求的那样去做了，所以史料记载：本县“创书院、建考棚、输义冢、赈贫乏以及道路桥梁之利涉往来者，其后人悉力行而不怠。”可见，从他先辈确立的家风，是一代代传承下来了。

当时人这样评价他：“先生当贫困之时，以一身经营奉养，始终不懈，而又能友爱著于家庭，重厚称于乡党。观其训诫数言，无忝（无愧于）紫阳（指南宋朱熹）遗轨，足为当世法。今其后嗣读书乐善，多列胶庠（指学校），蜚声翰苑（指文人荟萃之处），扬庥（指福佑）王廷。余于先生之世德累仁，而深信其未可量也。”家风正，后代兴。朱作楹是一个典型。

邻里乡党，贵尚和睦

邻里乡党，贵尚和睦，不可恃挟尚气，以启衅端。如或事尚辩疑，务宜揆之以理。曲果在己，即便谢过；如果彼曲，亦当以理谕之。彼或强肆不服，事在得已，亦当容忍；其不得已，听判于官。毋得辄逞血气，怒訚（yín，争辩）斗殴，以伤和气。违者议罚。

——黟县《环山余氏谱·家规》

点评 这是黟县环山余氏宗族的家规。指出邻里老乡之间，一定要以和睦为贵，不得动辄使气，以挑起事端。如果这件事存在疑问，一定要以理分析。如果确是自己无理，应立即向对方道歉；如果对方无理，也应当和他讲清道理。如果对方倔强不认错，一般的事，能忍就忍了；万不得已，听作官府裁判。不能得理不饶，争辩斗殴，以伤了彼此之间的和气。今后谁违背了这一条经公议后进行处罚。可见，徽州家规在处理人际关系时，总是体现了儒家"和为贵"的思想，立足于"和"与"忍"。今天我们在培养新型家风时，这也是值得借鉴的。

六、交友

天子有诤臣不得罪于天下，士有诤友不得罪于乡党、州闾，则朋友之责所系匪轻。故人处世必须择友。然今之所谓友者，率翻云覆雨之徒，何足倚靠？当于兄弟行中择其知识高大、行格端状者，朝夕与之会聚。凡遇事发，必商榷停当，然后见之设施，庶无败事。不惟是也，德业相劝，过失相规，患难相救，悉此焉赖，则好兄弟即吾好朋友也。苟或舍此而与市井轻薄之人拍肩执袂，以为合饮食，游戏相征逐，及至事变之来，秦越相视，甚有落井下石者，庸何取于友哉。此子孙所当深戒。

——《绩溪积庆坊葛氏族谱·家训》

点评 此条绩溪葛氏家训专讲子孙如何交友。首先讲交友的重要性。皇帝如有直言敢谏，不畏生死的大臣，那皇帝就不会犯大错而得罪于天下，士如果有敢于直谏的朋友，那他就不会犯错而得罪于邻里和家乡百姓，可见朋友的责任所关系的真不轻啊。但是当今所谓友者，往往是些翻手为云、覆手为雨之辈，这种人哪能依靠呢！交友要交那些同辈中知识多、见识广，行为端庄的人，朝夕与之聚会，凡遇到事情，朋友间商量妥当，再去实行，就不会败事。不仅如此，在道德修养、事业发展上能不断提些建议，你有过失他能立即规劝，在患难时又能慷慨相救，这样的人才是好兄弟、好朋友。如果不顾这些而与市井中那些轻薄之人称兄道弟，整天在一起吃喝玩乐，一旦有事，他们就像不认识一样，甚至还有落井下石的，这种人能交朋友吗？子孙一定要深为鉴戒。

有谚云："近朱者赤，近墨者黑。"家风的培养与子弟交友关系很大，所以葛氏家族作为家训对此作了详细阐述和要求。

择　交

近世后生多立私会酒食征逐，自谓广交多助，不知废时失事，毫无裨益。甚至所交非人，朋淫聚博，引诱为非，身不知廉耻之事，口不道忠信之言，则其为害又非浅小。吾族子孙惟文会、讲会当立，然须虚心下气，择胜己者友之，庶相观而善有涵育熏陶之益。其同会，又当以敬为主，诚意相孚，乃为可久之道。不然面是心非，外合中离，稍涉利害，落井下石者，间亦有之，皆由始之不谨，以致罔终，鲜不为小人所笑，切戒切戒。

——《绩溪西关章氏家训》

点评 这是徽州绩溪西关章氏关于交友的家训。古人对交友非常慎重，就是因为他们懂得“近朱者赤，近墨者黑”的道理。《学记》中有这样一句千古名言：“独学而无友，则孤陋而寡闻”。人的一生当然要交朋友，但是，朋友有好有坏，如果只交那些酒肉朋友，“面是心非，外合中离”，这些人是靠不住的。“稍涉利害，落井下石者，间亦有之。”所以该族家训提出要“择胜己者友之”，这样才能对己有“涵育熏陶之益”。应该说这是很有道理的。

《易》志断金[①]，生死不二；诗歌《伐木》[②]，禽兽且然。凡属同宗，务笃友谊。云雨翻覆，难逃隙末终凶[③]；杵臼[④]情深，亦可托妻寄子。族人共勉之。

——《安徽胡氏经麟堂家训·家规》

注释 ①断金：二人同心，其利断金。利：锋利；断：砍断，折断。比喻只要两个人一条心，就能发挥很大的力量。泛指团结合作。语本《周易·系辞上》：“二人同心，其利断金；同心之言，其臭如兰。” ②《伐木》：出自《诗经》，此诗第一章以鸟与鸟的相求比人和人的相友，以神对人的降福说明人与人友爱相处的必要。第二章叙述了主人备办筵席的热闹场面。第三章写主人、来宾醉饱歌舞之乐。 ③隙末终凶：隙，嫌隙；仇恨；终、末，最后，结果；凶，杀人。指彼此友谊不能始终保持，朋友变成了仇敌。 ④杵臼：指春秋晋人公孙杵臼。晋景公佞臣屠岸贾残杀世卿赵氏全家，灭其族，复大索赵氏遗腹孤儿。赵氏门客公孙杵臼舍出生命保全了赵氏孤儿。事见《史记·赵世家》。借指为别人保全后嗣的人。

翻译 《易经》说，之所以能斩断金属，就是因为二人同心，至死不变。《诗经》中的《伐木》篇，鸟儿之间都很友好，禽兽尚且这样，人更应如此。凡是同宗，一定要诚心诚意讲友谊。如果翻手为云，覆手为雨，那朋友就会成为仇敌；像杵臼那样讲情义的人，都可以托妻寄子。族人都要共勉之。

朋友之交系五伦[①]之一，然而匪人则伤，自古记之。语曰："蓬生于麻，不扶自直[②]。白沙在涅，不染自黑。"故读书者，必择直谅[③]多闻之士而友之，则德业日新。业农工商贾者，必择诚实忠厚之士友之，则习尚不坏。倘使交不慎，与浮浪辈群处，终日酣饮博弈，嫖赌戏谈，甚至灾及其身，以累其亲，虽悔何及，故交游不可不慎也。

——《黄山岘阳孙氏家规》

注释 ①五伦：即古人所谓君臣、父子、兄弟、夫妇、朋友五种人伦关系。用忠、孝、悌、忍、善为"五伦"关系准则。孟子认为：君臣之间有礼义之道，故应忠；父子之间有尊卑之序，故应孝；兄弟手足之间乃骨肉至亲，故应悌；夫妻之间挚爱而又内外有别，故应忍；朋友之间有诚信之德，故应善；这是处理人与人之间伦理关系的道理和行为准则。 ②蓬生麻中，不扶而直；白沙在涅，与之俱黑：出自《荀子·劝学》篇。蓬：蓬草。麻：麻丛。涅：黑色泥土。此句话意思是蓬草长在麻地里，不用扶持也能挺立住，白沙混进了黑土里，就一起变黑了。比喻环境对人的影响。 ③直谅：正直诚信。

翻译 朋友之交是五伦之一，然而如果所交非人那就坏了，自古就有这方面的记载。荀子说过："蓬生麻中，不扶而直；白沙在涅，与之俱黑。"所以读书的人，一定要选择那些正直诚信的人做朋友，这样个人德行和事业都会蒸蒸日上。从事农工商贾的人都要与忠诚厚道讲诚信的人做朋友，那么自己就会形成好的生活习惯。如果交友不慎，和那些整天浪荡游手好闲的人在一起，专门吃喝嫖赌，不做正事，很快就会有灾祸临身，甚至会连累亲友，到那时候后悔也就晚了，所以说，交朋友一定要慎重又慎重啊。

七、勤俭

治家格言

传家两字，曰读与耕；兴家两字，曰俭与勤；安家两字，曰让与忍；防家两字，曰盗与淫；败家两字，曰嫖与赌；亡家两字，曰暴与凶。休存猜忌之心，休听离间之语；休作生分之事，休专公共之利；吃紧在各求尽分，切要在潜消未形；子孙不患少而患不才，产业不患贫而患喜张；门户不患衰而患无志，交游不患寡而患从邪；不肖子孙，眼底无几句诗书，胸中无一段道理，神昏如醉，体懈如瘫，意纵如狂，行卑如丐，败祖宗成业，辱父母家声，是人也，乡党为之羞，妻子为之泣，岂可入吾祠，葬吾茔乎？戒石具在，朝夕诵斯。

——《绩溪西关章氏家训》

点评 这是绩溪西关章氏的家训，此家训乃章氏祖先、唐代官至太傅、宋代追封为琅琊王的章忠宪王所拟。家训所讲的内容多好啊！家业传承就靠两个字：读与耕；家业兴旺也靠两个字：俭与勤；家庭安稳要靠两个字：让与忍；家庭防范也是两个字：盗与淫；家业衰败就是两个字：嫖与赌；家庭毁灭也是两个字：暴与凶。家人不能存猜忌之心，不要听挑拨之话；不要做那些令人疏远的事，不要贪大家的利益；要紧的是各人都要努力尽自己的力量，关键要消除那些坏事的苗头；子孙不怕少而怕无才，产业不怕贫而怕张狂；门户不怕不旺而怕没有志气，朋友不怕少而怕交上坏人；那些不肖子孙，眼中没读几句诗书，胸中不懂一般道理，整日神智昏昏，像醉酒一样，身体懒得像瘫痪一样，说话放纵就像发狂一样，干事卑鄙就像乞丐一样，败坏祖宗成业，辱没父母家声，这种人邻里乡亲为之羞愧，妻子儿女为之哭泣，生前怎能进入我族的祠堂，死后怎能葬进我族的茔地？镌刻家训的石碑还在，每个人都要早晚诵读。

家训所总结的传家、兴家、安家、防家、败家、亡家的经验以及待人处事的原则，就是在今天看来，也堪称至理名言，值得我们认真回味、认真记取的。按照这样的标准去做，家风焉得不正？家业焉得不兴？

俭，美德也。近世富贵之家往往竞以奢侈相尚，不知作法于俭，尚惧其奢，何以垂训将来哉。今后凡饮食、衣服、宫室、纳聘、嫁女及寿筵丧祭待宾之类，俱以简约相尚，但无失之太啬耳。推而至于毋侈言以招尤，毋侈行以招辱，皆俭意也，皆可垂后世者也，此惟可与高明者道。

——《黄山岘阳孙氏家规》

俗云："好汉难做，好看难做。"做好汉势必轻财重义，挥金如土，有若龙伯高[①]其人；做好看势必饰观斗富，踵事增华[②]，有若石常侍[③]其人，久之一败涂地。尽天下之物力皆以竭一己之菁华，而淫邪太过者决无善终之理，何则？天地生财止有此数，不能以其数快一人之用。吾人取财亦止有此数，又何容不计其数而思纵一己之欲。果用之而适其宜，夫固不容吝惜，若用之而未能悉当，则又奚容滥妄也？寻常人家只作寻常模样，不可夸大，不可充体面，脱粟饭只要饱，粗布衣只要暖，彼膏粱至味亦不过属厌[④]而已，锦绣甚华亦不过适体而已。究而论之，可口与彰身不无美恶之异，充饥与御寒未有美恶之殊也。假使日食万钱,则一餐之费足以供人数月粮;假使坐拥重裘,则一体之需足备人千衲襖,而且衣食愈丰愈觉弱不能胜者,大都奢侈之过。如器具也,一瓦缶[⑤](fǒu)一金玉虽有异观,必无异用也。如仪注[⑥]也,一简易一繁重,惟论诚恪不论虚文也。推之矢口[⑦]之间,徒为花言为巧语为饰词,令人听之似可喜,及实按焉而觉其皆浮者,乌能不鄙之,鄙之诚不如朴素其谈,一无所欺,于人之为愈也。又推之躬行之际,徒为轻任为豪侠为慷慨,令人依之如泰山,不旋踵焉而竟负其所托者,乌能不疑之,疑之诚不如朴素其行,一无所苟之为有济也。乃知尚浮文者多伪,尚质实者多真,伪则诳人耳目,真则示己性情也,伪则粉饰片时,真则推行可久也,慎毋侈外观而忘内美,以致诮虚车也,戒之。

——《古歙义成朱氏祖训·祠规》

注释 ①龙伯高(前1—公元88),名述,京兆(今西安市)人。是国内外龙氏有谱可查的共同先祖。汉光武帝时敕封为零陵太守,"在郡四年,甚有治效","孝悌于家,忠贞于国,公明莅临,威廉赫赫",历代史志皆有褒扬。当时,刘秀亲征、马援挂帅进攻武陵一带的少数民族。据说,在战事紧张、马援受挫、供给困难、军饷难以为继的紧急情况下,连伯高公自己都入不敷出的窘迫状况下,毅然决然将夫人头上的金簪取下,变卖充作军饷,支援战争,使马援和士兵都感激不已。 ②踵事增华:指继续以前的事业并更加发展。③石常侍:即石崇(249—300),字季伦,小名齐奴。渤海南皮(今河北南皮东北)人。西晋开国元勋石苞第六子,西晋时期文学家、大臣、富豪,曾任散骑常侍、侍中。石崇和皇帝的舅舅王恺斗富,王恺饭后用糖水洗锅,石崇便用蜡烛当柴烧;王恺做了四十里的紫丝布步障,石崇便做五十里的锦步障;王恺用赤石脂涂墙壁,石崇便用花椒。晋武帝暗中帮助王恺,赐了他一棵二尺来高的珊瑚树,枝条繁茂,树干四处延伸,世上很少有与他相当的。王恺把这棵珊瑚树拿来给石崇看,石崇用铁如意立马把珊瑚树打碎了。王恺发怒,石崇说:"这不值得发怒,我现在就赔给你。"于是命令手下的人把家里的珊瑚树全部拿出来,这些珊瑚树的高度有三尺四尺,树干枝条光耀夺目,像王恺那样的就更多了。王恺看了,露出失意的样子。几轮斗富,石崇全胜。 ④属厌:饱足。 ⑤瓦缶:小口大腹的瓦器。 ⑥仪注:制度、仪节。 ⑦矢口:不改口。

翻译 俗话说:"好汉难做,好事难做。"做好汉势必要轻财重义,挥金如土,像东汉的龙伯高那样;做好看势必要大讲排场,一味攀比,像西晋的石崇那样,最终一败涂地。尽天下的物力为了使自己过得好些,如果奢侈过度就绝无善终之理。为什么?因为天地生财只有一个定数,不能以其定数供人们无限挥霍。我们取财也有个定数,又怎能不计其数而供自己无限纵欲?如果用之适当,固然不应吝啬,若用之不当,那又怎能容忍浪费呢?普通人家只能作普通模样,不要夸大,不要一味充面子,粗茶淡饭只要能吃饱就行了,粗布衣服只要能穿暖和就可以了。那些美味只不过自己饱足而已,锦绣美服也不过自己适体而已。说到底,美味可口与衣服华丽不是没有美恶的区别,充饥与御寒却没有美恶的差别。假使日食万钱,则一餐之费足以供一个人数月之粮,假使身穿厚毛皮衣,则一体所费足以相当千人棉袄,而且衣食越丰越是弱不禁风,都是奢侈太过了啊!好比器具,陶土做的器具和金玉做的器具,表面上虽不一样,但用途都是一样的。又好比一些仪节,一个简单,一个繁复,其实关键在于虔诚而不在于虚文。推广来看讲话,有的人花言巧语,令人听后很愉快,可是一看实际都是假的虚的,怎不令人鄙视呢。与其让人鄙视他的大话,不如说话朴实一些,没有一点欺骗,这样为人更好。又推广到实际中,有的人表现为豪爽慷慨,给人以一种泰山可以依靠的感觉,可托他办事转身就辜负所托,这能不使人怀疑他的诚信吗?不如朴实一些,有多少力出多少力,一点也不马虎,这样反而更有用。要知道夸夸而谈者多为虚伪,朴实无华者多为真诚,伪则欺人耳目,真则示人诚信,伪能欺人一时,真则可保长久。一定不要一味追求外观而忽视内美,以至被人讥笑为虚假啊。引以为戒。

节财用

理财之道,入之无敷,不如出之有节。苟能节用,则所入虽少,亦自不至空乏。尝见世之好华美而不质实者，鲜有不坏事者。叹光武以帝王之家而犹公主勿用翠羽，子弟辈须知渐不可长。凡土木必不得已而后作，服饰之类只宜以布为美。夫人首饰不必华丽，能如此便是守富之道。

——《新安王氏家范十条》

恃富者蠹

“十生一耗者，富一生；十耗者，饿十生。十耗者蠹，恃富者蠹，忘蠹者饿，故贫富常相代。吾习于贫，谂（shěn，知悉）此必人各以力自食，食乃安且久。”

——清 郑虎文：《吞松阁集》卷31《许母饶安人家传》

翻译 有十个只消耗一个，这样的人就富一辈子；有十个就消耗十个，这样的人必然饥饿十辈子。消耗十个的就是木中的蠹虫，依仗富有不懂俭省也是木中的蠹虫，忘记蠹虫的肯定要挨饿，所以贫穷和富贵常常互相转化。我已习惯于过贫穷生活，知道这一道理就应做到每个人都自食其力，这样的生活才能安稳并且长久。

点评 这话出自一位清代妇女之口，她是歙县商人许景的妻子饶氏。经商之初，许景家中还是比较贫困，两人克服了种种困难，许景终于以商发家。但后人记载："家既饶，母（指饶氏）则益刻苦习勤如其初。"许景主外，饶氏主内，对于家中的子女及僮婢，饶氏根据每人的能力都安排适当的事，并且说出了上述这番话来。在她的影响带领下，家风自然受到人们的称赞了。

"勤""俭""和""忍"

（胡作霖）又生平尝以"勤"、"俭"、"和"、"忍"四字自矢①，自父殁后，守先人之业三十余年，不取薪金，不置私产，布衣疏食②，早起晏休③，殊为人所难。家人奉养，稍从丰腴，则曰："非吾志也，如此反失吾意。"先后与伯氏同居数十年，家口三十余人，有一衣一食之微，莫不推多让美。遇亲族困难及地方善举，则无不竭力为之。

民国《黟县四志》卷14《胡在乾先生传》

注释 ①自矢：立志不移。　②疏食：疏同蔬，蔬菜类，意为素食粗食。　③晏休：很晚才休息。

点评 胡作霖是清代黟县商人，一生将"勤"、"俭"、"和"、"忍"四字奉为信条，而且身体力行。守先人之业在外经营三十多年，不取薪金，不置私产，布衣蔬食，早起晚休，确实是常人难以做到。家人稍微给他做点好吃的，他就说："这不是我的志向，这样做反而违背了我的本意。"有一衣一食，从不想占便宜，总是把多的好的东西让给别人，他家和兄长家人口三十多人，能够同居几十年而不分家，他所坚持的"勤"、"俭"、"和"、"忍"信条，显然起了关键性的作用。充分反映了这个大家庭淳朴的家风。

勤俭乃生财大道

人之处家在于勤俭。盖勤以开财之源，俭以节财之流，此生财大道也。人家膏粱子弟生于豢养，往往过花街酒肆，朋聚酣饮，暇者弈棋赌博，为牧猎儿戏，以消闲度日，不思营运干家[①]，则财源告匮，何以自给？泛观物理，飞而禽口之属、走而蝼蚁之微，亦朝作暮辍，以足其生，可以人而不如物哉。且费用过侈，甚为害事。近世风俗奢靡，饮食务新奇稀尚华艳，室宇求高大靓丽，量入为出之道懵然不知。吾恐山林不能供野火，江河不能实漏口，举赢宁保其可久哉？晋传咸云②："奢靡之费，甚于天灾"，真达识也。故子孙必须勤俭，方能不坠家声。

——《绩溪积庆坊葛氏族谱·家训》

注释 ①营运干家：指经商支撑家庭。　②晋传咸云：应为《晋书·傅咸传》云。傅咸（239—294），西晋文学家。曾任太子洗马、尚书右丞、御史中丞等职。为官清竣，疾恶如仇，直言敢谏，曾上疏说："奢侈之费，甚于天灾。"

翻译 人们持家全在于勤俭。勤能开辟财源，俭能节约用度，此生财之大道也。那些纨绔子弟生于膏粱之家，整天呼朋引类，不是酣饮，就是赌博，或者游猎儿戏，无所事事，饱食终日，不想怎么经营以支撑家庭，这样坐吃山空，怎么自给？看看自然界，无论是在天上飞的禽鸟，还是在地上爬的蝼蚁，都是早起劳作，暮晚停止，这样以养自身。难道人还不如这些动物吗？而且过于浪费，真是坏事。近来风俗转向奢靡，饮食追求新奇稀有华艳，居室追求高大靓丽，量入为出的道理一点不懂。我怕再大的山林野火也能烧尽，江河堵塞不了漏口，再多能保其长久吗？晋朝傅咸说："奢靡之费，比天灾还厉害啊！"真是有远见卓识。所以子孙必须勤俭，只有这样才能不败坏家声。

点评 作为绩溪葛氏家训，特别强调勤俭。这是家风的重要方面，因为"勤以开财之源，俭以节财之流，此生财之大道也。"子孙勤俭，才能不坠家声。这不仅对我们培养优良家风有着教育作用，而且对当前反对奢靡之风也有现实意义。

远　虑

其一

有一等人未娶亲前，家中又不望他家计，身边稍有积蓄，不无讲究穿吃，本分伙食之外，兼添私馔，以为可用之不尽。未尝思及娶亲生子，日用浩繁，岂知父母年老家居，临所望儿子能以思前顾后，庶残年有靠。古语云：顺风须逆风。在马上时当防失足。每步进场，或有一千，用出只可七百，以此拘定不松。日计不足，月计有余。后日创基立业，门楣大振，未可量也。

其二

世间惟重银钱，囊橐亢盈，人皆看重。莫谓年壮来路甚易，任意挥霍。倘若一朝失业，落寞家园，求他最难。人之有钱，犹鱼之有水。手无积蓄，贷于亲朋，本利难偿。年复一年，自身难了，连累儿孙。不如善于节省者，毕生安适也。

其三

大丈夫处世，何用求人？幼而学，壮而行，惟勤惟俭，自食其力，何得俯首求人也？然当在平日节省耳。银钱入手，真非容易，用去当易行来难，不可轻忽之也。先哲云："惜衣惜食，非但惜财兼惜福；求名求利，终须求己莫求人。"数语当谨记之。

其四

况吾等离乡背井，别亲抛妻，迢遥千里，所为何事？无非糊口养家。既是因此而来，银钱应当看重，不可轻易浪费。不要"出门一里，忘记家里。"愿诸君子凡穿一衣、食一味，当思家中父母能有是否，方敢自衣自食。鲜衣美食，人所共爱，亦要福分消受，若是勉强为之，须防折尽平生之福。莫效轻薄儿，务在讲究，摆空架子，好穿好吃，好嫖好赌，好吸洋烟，好交损友，看得东家银钱，认为己物。忘了本来面目，不念父母养育之恩。虽家徒四壁，两手空空，还要大摇大摆，装出大老官身段，弃尽典业规模诚实样子。遇此等下流之人，切莫交他敬他，只宜远他避他，自全声名，无致受累，愿同人自爱焉。

点评 这是一个徽州老典商晚年写给典铺年轻人看的规条。这位典商家中世代经营典业，自己也是做了一辈子的典业，当然阅人无数。他亲眼看到有的学徒积极向上，虚心好学，踏实做人，严格律己，满师后不断成长，不仅能够自己创业，而且最终致富。而有的学徒三心二意，吊儿郎当，有的勉强学成后也没能闯出个名堂，有的虽能赚点钱，但由于不知勤俭，所交非人，染上各种恶习，从而迅速败家。老徽商出于对青少年的爱护，写下了上面的几段文字，谆谆教导典铺中的青少年一定要养成勤俭的好品德，要交好朋友。老一辈对下一代的一片赤诚之情跃然纸上。

八、诚信

唐祁一券两偿

唐祁是清代歙县人，由于家境困难，父母双亲身体又不好，所以他从小就出去经商，靠辛苦挣来的一点小钱养活双亲。期间吃了多少苦，就不必说了。经过一二十年的艰苦奋斗，唐祁终于渐渐发起来了。但父母的身体却越来越差了，唐祁虽想了多少办法，请了多少医生，也未能挽回双亲的生命。

双亲去世后，唐祁的儿子也长大成人了，他自己也渐渐老了。他把生意交给儿子打理，自己就回到家乡养老。当他父亲在世时，由于生活困难，曾经借了某人一笔钱。这件事唐祁也听父亲说过。某天，那人找到唐祁，说你父亲曾借我一笔钱，至今没还，但借券我已遗失了。唐祁说："券虽无，事则有也。"借券虽没有了，但我父亲借钱的事我知道是有的。于是将这笔钱加上当时的利息全部偿还给了那个人。

谁知过了一段时候，那人又将借券找到了。狡猾的他拿着借券又找到唐祁要求还钱。唐祁明明记得不久前刚还了这笔钱，此人怎么又来了。他强压住自己的不平，说："事虽伪，券则真也。"这件事虽然是假的，但这张借券却是真的。于是又如数偿还给那人。

唐祁一券两偿，被人传为笑话。唐祁却笑着说："第二次我完全可以不给他，主要考虑到当初他借钱给我父亲，帮助我父亲解决了眼前的困难啊。"

唐祁临终前，将儿子召到床前，对他们说："如果自己有余力帮助人，那就从亲族开始。帮助人，不要表现出大恩大德的样子，更不要沽名钓誉。"

——清 赵宏恩：乾隆《江南通志》卷160《人物志》

友死不负重托

孙启祥是清代黟县人，从小父亲就去世了，母亲带着三个儿子生活相当艰难。长兄身体有病，什么事也不能干，二哥在外经商，赚的钱也很少。启祥在家侍奉母亲，照料大哥，平时总是将好的东西孝敬母亲或让给哥哥，自己生活很俭朴，在邻里传为佳话。

后来启祥渐渐长大，也出去经商。他诚信厚道，乐于助人，所以受到人们的称道。人们有什么急事难事都找启祥，启祥也尽力帮助。有一次，在那里经商的同族人孙某生病了，寄养在僧舍。启祥天天去照料，但孙某病情还是一天天加重。孙某眼看不治，将启祥叫到床前说："启祥，我怕是没得治了。我这里还有一笔钱，待我死后，后事就拜托你了，剩下的钱请帮我送到家里。"启祥一面安慰，一面应允。朋友死后，启祥将他的后事料理得非常周到，又将剩下的钱全部送到他家人手中。家人千恩万谢，感激不尽。

启祥诚信的事远近皆知。有一天，一查姓者找到启祥，郑重交代一件事。

"启祥，有一要事相托，我想来想去，只有找你才可靠，望你不要见辞。"

"哪里哪里，"乐于助人的启祥满口答应，"只要你信得过我，只管吩咐。"

查某从随身带来的口袋里取出一只沉甸甸的包袱，放在桌上，缓缓打开。哇！竟是一堆白花花的银子。

"这是怎么回事？"启祥满脸狐疑地问道。

"这是我一辈子的积蓄，"查某轻轻叹了口气，"这几千两银子，我如果马上交给家里人，很快就会给他们败光了，所以我一直秘而不宣。也请你千万不要告诉我家里人。我想等我死后再拿出来，但我身体不好，不能外出奔波了，能否放在你这里，请你帮我经营，总能涨几个钱，待我死后请你再给我的家人。"

这真是只有绝对信得过的人才能这样啊！

“查兄，你如此信赖老弟，就请你放心吧。”启祥满口答应。说着回房取了纸笔，递给查某：“请兄记下笔录，以后我会连这一道交给你家人的。”

就这样，启祥带着这几千两银子继续经营。没过几年，查某果然身病越来越重，终于不治。

又过了一些时候，启祥了解到查某家中自从失去了顶梁柱，儿子们也都变得节俭了。于是某天，启祥来到查某家，并请来了左邻右舍和查某亲戚，然后打开一包袱，大家一看竟是一堆白花花的银子，惊得目瞪口呆，不知他究竟要干什么。

“这是你们家的银子。”启祥慢条斯理地说：“几年前，查先生找到我，交给我几千两银子，要我给他保管。”说着又打开一个簿子，“这就是当初查先生的笔录。”他把这簿子交给大家传看。

"这几年,这几千两银子在我这儿,我和查先生已讲好,按照定例支付利息,"说着又拿出一个小包,打开后仍是银子。启祥指着它对查某的家人说,"这是迄今为止我付的利息,请你们过目。"

"太难得了! 太难得了!"一人在旁不禁说道。

"就是啊! 我长这么大还没听说过这样的事呢。"另一人跟着附和。

查某家人望着这堆银子,听了启祥的这番话,感动得半天说不出话来。

(事见嘉庆《黟县志》卷7《人物志·尚义》)

守典十年,完璧归赵

这是发生在清代又一个真实故事。

那时的崇明岛虽然孤悬海外,却也有不少徽商来此经营。婺源人詹谷就在岛上做些小生意。由于他平时为人正直,讲究诚信,从不坑蒙拐骗,所以他的商业信誉很快就建立起来,生意做得红红火火。他的所作所为一直被一个老板关注着,这老板也是婺源人,早就在岛上开了一个典当铺。由于儿子还小,在婺源老家跟在母亲身边,典当铺就靠他一人支撑着,因此感到力不从心,很想再找一个帮手。他早就听说詹谷正派厚道,又有文化,生意做得不错,正是他想要的极佳人选。于是他做了很多工作,终于将詹谷聘到自己典铺中,成为一名掌柜。

几年下来,一方面是老板的精心培养,一方面是詹谷的虚心好学,詹谷掌握了典当铺的所有知识和识别各种物品的本领。老板也有意放手让他去干,典当铺给他打理得井井有条。老板看在眼里,喜在心头。

不久,老板与詹谷商量,自己多年没有回家探亲了,想把典当铺交给詹谷管理,自己回徽州婺源看看,少则三个月,多则半年就回来,詹谷一口答应下来。

真是天有不测风云,老板刚回到婺源,太平天国革命就爆发了。短短时间,竟然迅猛发展,很快从南方一直往北打,竟然占领了半个中国。这下清政府慌了,立即调集人马,企图把太平军镇压下去。双方展开了激烈的战斗,尤其是太平军与清军在徽州境内又打起了拉锯战,自然徽州到崇明的道路也就中断了。

这下可把老板急坏了，道路不通，崇明去不了，典当铺怎么办？一切只有听天由命了。

战事竟然持续了十年。十年，可真是不短啊！有一天，老板坐在厅堂里，望着儿子，他已经长成大人了。

“父亲，如今天下太平了，您还想出去吗？”儿子似乎看到父亲在想心思。

“我已老了，跑不动了，以后就靠你来支撑这个家了。”

“您不是说我们家在崇明还有一个典当铺吗？”

“唉！打了十年仗，兵荒马乱中能保住性命就万幸了，典当铺可能早就不存在了。”

“那我能不能去看看呢？”

“你真要去，就去一趟吧，如果没有了，就赶紧回来。”

于是父亲写了一封信交给儿子，并详细交代了沿途路线以及典当铺的方位，儿子就出发了。

不到一星期，儿子来到崇明，按方位果然找到了一家典当铺，一打听正是自己父亲的典当铺。立即将父亲的信交给了掌柜。掌柜正是詹谷，他得知老板儿子来了，非常高兴。先将他安顿下来休息。

第二天，詹谷安排了一餐盛宴，特地请来当地的士绅和邻居赴宴，为老板儿子接风。酒酣耳热之际，詹谷捧出一大摞账簿，当着众人的面对老板儿子说道：“这是你父亲走后至今十年的账簿，一天也没有少，现在全部交给你，请你过目。”

“真是了不起啊！”“如此忠信的人到哪找啊！”众人无不感慨万分，啧啧称叹。老板儿子看到这些，两行热泪不禁夺眶而出。

过了几天，詹谷已将典当铺业务交代清楚了，他向老板儿子提出，我有十几年没回家探亲了，现在我已把有关事情都安排好了，也要回去看看了。老板儿子满口答应。第二天他将十年来詹谷的薪金外加四百两银子郑重交给詹谷，可詹谷只拿了自己的薪金，那四百两银子坚辞不收。

十年守典，完璧归赵。此事在当地一直传为美谈。

（事见光绪《婺源县志》卷35《人物·义行》）

戒　欺

提起胡雪岩，谁不知道他是近代著名的“红顶商人”。他的一生，简直就像一个神话。他从学徒起家，凭着他超常的智慧和惊人的魄力和胆识，经过一二十年的奋斗，竟然一跃成为当时全国最著名的商人。

他成功的诀窍之一就是“诚信”，一诺千金，从而为他在商界树立了极好的信誉。他还有一副菩萨心肠，仁心济世，助困帮穷，赈灾救民，感动了千千万万的普通百姓。

1874年，胡雪岩在杭州创建了一个药店——胡庆余堂，地处杭州历史文化街区清河坊。胡庆余堂以宋代皇家药典《太平惠民和济药局方》为基础，收集各种古方、验方和秘方，并结合临床实践经验，精心调制庆余丸、散、膏、丹、胶、露、油、药酒方四百多种，还著有专书《胡庆余堂雪记丸散全集》传世。

“北有同仁堂，南有庆余堂。”胡庆余堂在胡雪岩的指导下，短短时间，声名鹊起。这同样得益于胡雪岩的“诚信”。

胡庆余堂里至今还保留着一块非同寻常的“戒欺”匾额，其他的匾额都是朝外的，是给顾客看的，唯独这块匾额是朝里的，是给店内员工看的。这是胡雪岩在1878年亲笔书写的“店训”。这块匾额右边是“戒欺”两个大字，占了整个匾额的将近一半的面积，字迹浑厚有力，非常醒目。左边写了一段小字：

> 凡是贸易均着不得欺字，药业关系性命，尤为万不可欺。余存心济世，誓不以劣品弋取厚利，惟愿诸君心余之心，采办务真，修制务精，不至欺予以欺世人，是则造福冥冥。谓诸君之善为余谋也可，谓诸君之善自为谋亦可。

意思是说，凡是贸易，都不能沾上“欺”字，药业关系到人们的性命，尤其万万不可欺。我存心济世，发誓不以伪劣商品获取厚利，唯愿各位员工以我的心为心，采办药材务必要是真的，加工制作务必要精细，不至于欺骗我又欺骗世人，这样做就是在冥冥之中造福了啊。说各位的善是为我考虑也可以，说各位的善是为自己考虑也可以。

胡雪岩的这段话多好啊！这是他的真心流露。孟子说过："医者，是乃仁术也。"深受儒家思想影响的胡雪岩非常服膺这句话，特地另外制了块牌匾，上面就写了"是乃仁术"四个大字，挂在厅堂。让所有的人都知道行医是仁术啊，仁还能掺有半点假吗？

正是在胡雪岩的影响下，胡庆余堂的全体员工真正做到了每种药品都是"采办务真"、"修制务精"，所以他们才敢于挂出"真不二价"的匾额，他们也才赢得四方百姓的交口称赞，也才能在风雨交加的世道中长久立于不败之地。

想想当今那些制造"地沟油"、"毒牛奶"、"瘦肉精"的厂家，丝毫不顾百姓性命，只顾自己赚钱，他们和胡雪岩比起来，还配称为大写的人吗！

方三应拾金不昧

歙县岩寺人方三应拾金不昧的故事更为生动。方三应曾在辽宁省建昌县经商。一年在回乡途中的一个旅舍里，捡到了他人遗落的数百两银钱，便留在那里等待失主来认领，谁知等了一天又一天，竟一直等了一个多月，也没有人前来认领。终因久久不见失主，方三应自己的生意也耽误不起，便将那捡到的银钱携带回乡。但是他并没有据为己有，而是每次外出都携带在身，以备随时寻归失主，然而，一连数年也不见失主。

谁知"踏破铁鞋无觅处"，巧遇全不费工夫。那是数年后，方三应经商来到江西抚州，在一只渡船上，看见许多人在奚落一个穿着寒伧不洁的鸡贩子，有的说："这么臭，离得远一点！"有的说："出门做生意，也该穿得整洁一些，如此破破烂烂，成何体统？"有的干脆说："像个叫花子模样，干脆要饭去，贩什么鸡？"可那鸡贩子却说："你们不要耻笑我，我也曾是有钱人，只因为某年某月某日，我在辽宁的建昌丢失了数百两银钱，才落到如此地步。"

真是无巧不成书，也可以说是说者无意，听者有心。当时方三应听了鸡贩子这么一说，心中一惊，此人莫非就是当年丢钱的失主么？于是他很是高兴，当即询问道："请问老兄在何年何月何日，在何处丢失多少银钱？"那鸡贩子见问，便道："莫非客官知道此事？"接着，他便把所问一一回答。方三应见他所说属实，便从自己所携带的行李包中，拿出那包携带多年的钱，如数地交给了那鸡贩子，然后说："老兄啊，我捡到这些钱后，在那里等候失主一个多月，无奈之下只好带回了家，后来这么多年每次外出行商，都在尽力寻找失主，但总是寻找不到。今天真是太巧了，终于找到你了。"那鸡贩子失银多年而复得，这是他做梦也没有想到的事情，自然非常感谢，当即跪拜在方三应的面前，叩问道："客官真是大恩大德，使我失金多年而复得，我实在是感谢你，请问客官叫什么名字，我以后好报答。"方三应道："拾金不昧乃是我应该做的，你不必记挂在心。"同船过渡的人也为这件巧事而感到又奇又喜，也纷纷要方三应说出名字。方三应乃是一个正人君子，岂是为了"名利"二字？当下坚持不告诉名字。正好这时渡船到了码头，方三应便出了渡船上岸走了。此时有一个人认得方三应，便对鸡贩子说：“此人我认得，乃是徽州商人方三应也，那是一个好人。”那鸡贩子望着方三应远去的背影，激动得潸然泪下。

又过了数年，方三应的儿子方宏担任了江西省宜黄县县令。有一次，他下乡视察民情，却逢下雨，便带着随身一仆到一家民舍里避雨。他抬眼一看，却见这家堂前供奉着一块灵位，细看之，却是“恩公方三应”的字样，遂感到十分惊奇：这不是自己父亲的名字吗？怎么会在异乡民舍里出现？这时一个老汉来到堂前，知是父母官到来，立即热情接待。方宏忙制止道：“老人家，不须客气，我只是暂避一时。”说着，他指着灵位问了起来。那老汉便将自己遗金复得的事情讲了一遍，最后说：“小民自从蒙这位恩公归还遗金，才能有今日的家业。我岂能不日日供奉？但愿他长命百岁，万事吉祥。”方宏不禁为父亲的事迹所感动，但他没有对老汉讲明自己是方三应的儿子，只是深表赞同。不过，他从此居官格外清正廉明，在当地享有盛誉。

（张恺编写）

汪学礼入祀徽州会馆

汪学礼，字淦庭，世居黟县七都玛坑，和两个弟弟汪学义、汪学廉先后跟随父亲汪载阳，在浙江省泗安县经商。他少年时就以孝顺父母、友爱兄弟和他人而闻名乡里，长大后强干而有作为，学习的是典当衣服的行业。弱冠后，他的老板张幼翘很欣赏他的才能，就把整个店铺事务交给他打理。汪学礼接手后，兢兢业业地经营着，以报答老板对自己的信任，所以多年以来都获得优厚的利润，既为老板创造了财富，也为自己获取了丰厚的收入。

清代咸丰年间，太平军占据了安徽的宁国、广德和浙江的泗安等县。这几个地方土地相连，太平军来来往往没有定数，人们虽然躲避到深山密林之中，仍经常遭到侵扰。汪学礼作为典衣铺的经理人，十分担心有负于老板的重托，经过一番深思熟虑后，决定将典衣铺中的货物登记入册，然后雇船把货物运出浙江，以避免损失。没有几个月，占据泗安的太平军便退去了，汪学礼又把货物运回来，将货物与册籍逐一清点交还给老板，结果货物不仅没有损失，而且还比原先增加了一倍。原来，在运出浙江后，汪学礼没有停止经营，而是继续在当地营业，从而获得了良好的效果。闻知的人都羡慕他的老板找到了一个好的经理人。

不久，汪学礼因为母亲逝世、父亲年老而向老板辞职返乡。老板张幼翘自然舍不得汪学礼走，劝留他几个昼夜，乃至流下了数行眼泪。汪学礼恳切地对老板说："我如果只顾与东家的友谊，便是有亏于作为人子的职责，这不是人道也。现在，母亲既然已经逝世，而父亲渐渐衰老，我应当回去侍奉父亲。如果东家实在需要我，那么待家父安顿后我再来，如何？"老板张幼翘自然也不忍心人家违背人伦之道，听他如此诉说，这才算依从汪学礼的意见，让他返回家乡。一年多后，父亲谢世，汪学礼按照自己的诺言回到了泗安，张幼翘也依旧让他经理店铺。从此，汪学礼以信义经商的品德，在泗安获得更高的声望，在泗安县经商的徽州人和泗安县的人，都啧啧称道他，遇到危难和疑问的事情，都来找汪学礼，或请教解决办法，或调剂货物资金等，他都让人们满意而去。

后来因年纪已老，汪学礼便退职回家居住养老。但在养老中，他并没有放弃行善仗义。一是捐出自己田地的租金，供给宗祠每年祭祀之用。二是地方上凡有公益的举动，都竭力予以资助。三是把父亲多年积欠他人的 300 两债务，全部归还。四是二弟、三弟相继亡故，二弟的一个孩子才 3 岁，三弟的 3 个孩子都年幼，他像抚养自己的儿子一样，供给他们饮食，教育他们成长。汪学礼的妻子李孺人善于体贴丈夫的意志，也勤勤恳恳地协助丈夫，从而把侄子抚养成人。

清光绪三十二年(1906)，汪学礼逝世，享年 77 岁。泗安县商界的诸位董事对他的逝世深表哀痛，并把书写他的姓名、职衔的灵牌，送进在泗安的徽州会馆先达龛座中，以崇德报功作永久的祭祀。这足见汪学礼生前的作为和品德，在泗安县商界和民众中留下了永久的良好印象。

（张恺编写）

九、创业

读书好营商好效好便好　创业难守成难知难不难

——徽州楹联

点评 尽管那时是"万般皆下品，唯有读书高"的社会，但徽州特殊的环境迫使人们不得不去经商。因此徽州人的观念中，你"读书"也可以，"营商"也可以，关键是要达到"效好"。在"创业"和"守成"的问题上，关键是要"知难"，知难了，无论"创业"还是"守成"都能做得好。古人的头脑真是清醒啊！

人之处世以治生为急务。何以言之？方人之胎育成形即吮母血，及其有生即求乳食。则知饮食之需、俯仰之费，诚为急务而不可缓者。否则非惟不能保其妻子，将不能保其身。故当努力自强，各为资生之计。谚有之曰："男儿不吃分时饭，女儿不着嫁时衣"。言其当自强也。苟徒仰祖父之遗逸，居享成，不知千金之家分为百，又自百金而为十，所入者止于十，而所费则不减于千，其不至口腹而待毙者鲜矣。为子孙者必知稼穑艰难，辛勤干家，乃克有济。

——《绩溪积庆坊葛氏族谱·家训》

点评 这条葛氏家训把"治生"看得十分重要。所谓"治生"，就是解决生存问题。为什么呢？因为人在胎中即吮吸母血，一生下来就要吃奶，则知个人饮食之需、仰事父母俯育孩子的费用，真是急务而不能等的。否则不仅不能保住妻子，也将不能保住自己。所以每个人当努力自强，各自想出谋生之计。有谚语说："男儿不能等吃分家时的饭，女儿不能只穿出嫁时的衣。"就是说要自强不息、自食其力。如果只依赖祖上的遗产，坐享其成，不知道千金之家分了后，只成百金之家，百金之家分了后只成十金之家，所入者只有十，而所费者不少于千，那么不坐吃山空、束手待毙的太少了。作为子孙一定要知稼穑艰难，辛勤努力，才能有希望啊。

闻朱子云："步向浓时转"，斯言也旨哉。人之处世，得意方浓，而不知回步，自贻伊慼者也，宁能保其常浓乎？姑自其大者言之，人之宦成名立，而不知退休，将必有如叹东门之黄犬[①]，想华亭之鹤泣[②]，遗恨千古而不可收者。此可为浓时进步之戒矣。然岂惟仕宦为然，所谓意浓者亦非一端，所当回步者，亦非一事，苟经营财力而得陇望蜀，负气凌物，而赶人赶上，耽醉酒色而乐极志满，皆意浓而不知回步者也。宁无虽悔莫追之裯[③]哉。故人当知进步，又当知退步。

——《绩溪积庆坊葛氏族谱·家训》

注释 ①东门之黄犬：历史典故。典出《史记》卷87《李斯列传》。秦丞相李斯因遭奸人诬陷，论腰斩咸阳市。临刑谓其中子曰："吾欲与若复牵黄犬俱出上蔡东门逐狡兔，岂可得乎！"后以"东门黄犬"作为官遭祸、抽身悔迟之典。　②华亭之鹤泣：历史典故。指的是西晋陆机的故事。陆机是吴郡吴县(华亭)人，西晋著名文学家、书法家，出身于三国贵胄陆氏，东吴丞相陆逊之孙、东吴大司马陆抗第四子。孙吴灭亡后出仕晋朝司马氏政权，历任平原内史、祭酒、著作郎等职。"八王之乱"时，陆机曾被司马颖委任后将军，河北大都督，率领二十多万人，讨伐长沙王司马乂，大败。遂为司马颖所杀。临终时叹道："华亭鹤唳，岂可复闻也！"时年四十三。　③裯：此同"祷"。

点评 这条葛氏家训在告诫族众干任何事都不能贪心。朱熹曾说过："步向浓时转"，这话真是至理名言。人在世上，得意时方称"浓"，这时如果不知回步，适可而止，那就要给自己带来悲切了，哪能常保"浓"呢？姑且先从大的方面说吧，当你官成名立后，而不知急流勇退，难免就会像李斯、陆机那样，留下千古遗恨。这是在得意时不知后退的警戒啊。然而仅仅做官是这样吗？所谓"意浓"者并非一种情形，所谓回步者也并非一件事情，经商也一样。如果经营商业而不知底止，得陇望蜀，贪心不足，负气凌物，或者沉醉酒色而志得意满，都是意浓而不知回步者，虽后悔也来不及了。所以一个人应知道进步，也要知道退步。

家训是在教育族众无论做官还是经商，都不要志得意满，要有进有退，防止向反面转化。我们今天所谓做人做事谦虚谨慎、凡事作退一步想，也都是这个道理。

许衡[①]曰："学者，生理最急。"盖谓日用食享之所从出，苟一偷惰，则饥寒困苦迫于身，欲无邪僻而从善也，得乎？吾愿四民各勤其业，业勤则敏而有功，将生齿日蕃，善行可兴。管子[②]尝曰："仓廪实而知礼节。"亦谓此也。

——《绩溪姚氏家规》

注释 ①许衡（1209—1281），字仲平，今河南省焦作人。元朝思想家、教育家，学者称之鲁斋先生。　②管子：春秋时期（前770～前476）齐国政治家、思想家管仲。

翻译 许衡说："作为一个学者，谋生是当务之急。"因为日用吃喝都要从中所出，如果一旦偷懒，则饥寒困苦都来了，想他没有邪念而让他去从善，能行吗？我希望我们士农工商四民各自勤勉于自己的工作，勤奋了工作就能干得好，那么人口逐渐增多，各种善行就能做起来了。管子曾说："（百姓的）粮仓充足才能知道礼仪，丰衣足食才会知晓荣耻。"也是说的这个道理。

居家以治生为先，庶民生理，惟士、吏、农、工、商、贾、医、卜八事。生理不治，正孟轲氏所谓救死不赡，奚暇治礼义[1]？吾宗为父兄者，须量子弟材质，俾于八事各治一业，以为俯仰[2]之资，不可纵其游惰。如力足以自给者，天资聪明须专志读书，亲贤友善，以立身扬名，显亲荣祖，生理之上也；次之为商、为贾。为农、为艺，各随其资，莫非生理。或有家贫之甚，质美而可读书，心明而可以为医、卜，志力可以为农、工，而限于贫不能给者，各宗长劝其本房兄弟给助之，无使失所可也。亦不可为衙役皂卒，以玷辱祖宗。以前有为之者听其更改，以后有为之者黜之，不许入祠堂、入宗谱。

——《黄山岘阳孙氏家规》

注释 ①救死不赡，奚暇治礼义：出自《孟子·梁惠王上》："此惟救死而恐不赡，奚暇治礼义哉！"意思是说，百姓没有产业，连救自己的性命还来不及，哪有空余时间去讲礼义呢？　②俯仰：语出自《孟子·梁惠王上》："是故明君制民之产，必使仰足以事父母，俯足以畜妻子。"后因以"俯仰"借指养家活口。

民之业有四，民之职有九，而天下断无无事之民，故虽闲民亦未必无所事事。然而心专者自入巧，艺多者断不精，此又一人当习一事，而知不器[1]之君子为难能。吾等山僻庄居，大概农夫多，樵子多，若稍为俊异又为服贾他乡者多，工艺亦间有之，而惟诗书之士不多，觏（gòu，观）此管子所谓士之子恒士、农之子恒农者，与夫民之业既分则必各事其事而后其事理，亦必各功其功而后其功成。俗语曰："行行出状元。"言乎居业者造其极即莫与争能也。使浮慕[2]于其外，谓此业不足为，辄见异而思迁，恐迁之又不足为，是谓不安分。使浅尝于其中，谓此业不能为，每偶涉而即止，既止矣，更何能为是，谓不成器。人而不安分、不成器尚得谓为人乎哉？使学道而不专其业，仍不如一材一艺之所习者录其功能犹得称奇焉，殊卓卓[3]也。故无论所托为何业，业所业即无庸负所业，斯其人以一业成，衣之食之均有藉也。无论所任为何职，职而职，绝不敢旷而职，斯其人不以一职限而制之作之，迁地皆能良也。盖天生是人必有以置乎是人，彼所受之业皆天之业也，所居之职天之职也，人可违天哉，天行固健，使违天而游手好闲，乃自弃于天，而非天之所不容之哉。

——《古歙义成朱氏祖训·祠规》

注释 ①不器：不像器皿一般。意谓一个人的才能不局限于某一个方面。　②浮慕：表面上仰慕。　③卓卓：高超出众。

勤俭则衣食足，衣食足则易于为善；游手则生理废，生理废则流而为非，得失之间相去远矣。苟或放逸怠惰，土沃思淫，不知笃在守业之义，将至饥寒渐迫而盗贼生，终罹刑辟，后悔何及。

惟是四民之业各安其一，毋废时，毋失事，庶几学也而禄在其中，力穑而乃亦有秋，工作什器、商通货财并足资计，养生送死无憾，而礼义之俗兴矣。

——《黄山迁源王氏族约家规》

天下之事，莫不以勤而兴，以怠而废。周公大圣人也，而奋志向上，自强而不息。其不能者，或于四民之事，各治一艺，鸡鸣而起，孜孜为善。励陶侃运甓[1]（pì）之志，作祖狄[2]之勇。必求其事之成、艺之精然后可。

——《新安王氏家范十条》

注释 ①陶侃运甓：晋时，有一个官至太尉的人陶侃，闲来无事时，常常是早上把砖（甓）从屋子里搬出去，天黑了又搬回来。循环往复，不知疲倦。一些人看见后不解其意，便问其缘由。陶侃回答说，恐怕悠闲惯了，将来不能干一番大事。后来，人们用“运甓”表示励志勤力，不畏往复；用“运甓瓮、运甓人”等指不安悠闲，发奋功业之人。

②祖狄：应为祖逖（266—321），字士稚，范阳遒县（今河北涞水）人，东晋名将。西晋末年，率亲朋党友避乱于江淮。313 年，以奋威将军、豫州刺史的身份进行北伐。祖逖所部纪律严明，得到各地人民的响应，数年间收复黄河以南大片土地，使得石勒不敢南侵，进封镇西将军。后因势力强盛，受到朝廷的忌惮，并派戴渊相牵制。321 年，祖逖因朝廷内明争暗斗，国事日非，忧愤而死，追赠车骑将军，部众被弟弟祖约接掌。死后，北伐功败垂成。

生财之大道

圣人言：“生财有大道，以义为利，不以利为利。”国且如此，况身家乎！人皆幼读四子书。及长，习为商贾置不复问，有暇辄观演义说部，不惟玩物丧志，且阴坏其心术，施之贸易，遂多狡诈，不知财之大小，视乎生财之大小也，狡诈何裨焉？吾有少暇，必观“四书五经”，每夜必熟诵之，漏三下始已，句解字释，恨不能专习儒业，其中义蕴深厚，恐终身索之不尽也，何暇观他书哉！

钱，泉也，如流泉然，有源斯有流。今之以狡诈求生财者，自塞其源也。今之吝惜而不肯用财者，与夫奢侈而滥于用财者，皆自竭其流也。人但知奢侈者之过，而不知吝惜者之为过，皆不明于源流之说也。圣人言‘以义为利’，又言‘见义不为无勇’，则因义而用财，岂徒不竭其流而已，抑且有以裕其源即所谓大道也。

——同治《黟县三志》卷 154《舒君遵刚传》

点评 这是清代黟县商人舒遵刚说的两段话。第一段认为经商当然要赚钱谋利，但一定要以义为利，不能以利为利。这才是生财之大道。第二段谈源流关系，他认为有源才有流，狡诈谋财，是自己堵塞其财源。奢侈浪费，是自己枯竭其流。因义用财，不仅不会竭其流，而且是丰裕其财源，这才是生财大道啊。舒遵刚之所以有这样的思想境界，与他勤读"四书五经"，深受儒家思想影响有密切关系。我们说徽商是儒商，不仅仅是他们有文化，更重要的是他们能够用儒家思想指导自己的行动。舒遵刚常用上面的话教育后进，"见子弟读书，必就其所读者，为之讲明其理，有会意者辄深爱之。"所以时人评价他说，要在知识分子中找到像他这样的人也是罕见的，更何况他是个商人呢！

凡事究心，益求其善

本店向来发染，颜色不佳，布卖不行。用是自开各染，不惜工本，务期精工。将来不可浅凑，有负前番苦心。踹石已另请良友加价，令其重水踹干，日久务期精美，不可懈怠苟就。每布之精者必行，客肯守候。本店布非世业，所制欠精，须凡事究心，益求其善，以为子孙世守之业。倘有不肖懒惰成性，罔知物力艰难，惟妻命是从者，必弃祖业，妒忌他人，渐至乏业营生，贤者同事于人，劣者则为下流苟且之事，丧心败德，永无昌炽之期。哀哉。

——《康熙五十九年休宁陈姓阄书》

点评 徽商晚年，在儿子们长大成婚后，往往都要分家析产。按中国封建社会法律惯例，分家时，父辈除留有自用外，其余财产都需均衡搭配，诸子平分，有时就要通过拈阄来决定每个人的份额。所以历史上留下了不少徽商分家阄书。阄书中除将所有财产均衡搭配成若干份外，父亲还要回忆自己家业的来源和创业的艰辛，并对诸子提出一些要求。

上述这段话是出自一位布商的分家阄书。主人是徽商陈士策，他于康熙三十二年(1693)来到苏州,先是代管金宅染坊,六年后稍有积蓄,乃迁居自创布业。晚年分家时,“基业粗成”。为了能够光大基业,他专门交代如何保证布匹的质量。他说:本店的布匹过去都是发给其他染坊代染,颜色不佳,当然“布卖不行”。于是自己开设染坊,染各种色布,“不惜工本,务期精工”,终于打开销路。今后你们接管店业,“不可浅凑,有负前番苦心。”踹石一定要好,已请朋友加价购买,令踹工重水踹干,“日久务期精美,不可懈怠苟就。”只要你产品质量好,必定“客肯守候”。要保证质量,就“须凡事究心,益求其善。”由此可知,徽商之所以发展得那么快,之所以能持续几百年,这是与他们一代代非常重视质量是分不开的。这也是徽商家风的重要方面之一。

盐豆佐餐

徽人多吝。有客苏州者,制盐豆置瓶中,而以箸下取,每顿自限不得过数粒。或谓之曰:“令郎在某处大阚①。”其人大怒,倾瓶中豆一掬②,尽纳之口,嚷曰:“我也败些家当罢。”

——《明清笑话集》

注释 ①大阚:大吃大喝。　②一掬:一把。

点评 这是清代文人编的一个笑话,选自《明清笑话集》。本篇主旨讽刺徽商吝啬。说有位徽商在苏州做生意,炒了一些盐黄豆放到瓶中,而用筷子从瓶中夹取,每顿饭自己规定不得超过数粒豆子,以此当菜佐餐。有一次,他正在吃饭,有人告诉他说:“你如此俭省,你儿子正在外面大吃大喝呢。”那人听了,非常生气,从瓶中倒了一把盐豆子在手中,然后全放在嘴里,边吃边嚷道:“我今天也来败些家当了。”吃一把盐黄豆,也认为是败家当,可见徽商真是吝啬到极点了。此事出于文人的杜撰,但徽商“盐豆佐餐”的事必定多有。文人认为这是吝啬,大加讽刺,但我们若换一角度看,这不正是徽商艰苦创业的写照吗!

徽商艰苦创业的品格实际上从小就养成了。据徽州老人回忆，小时候家里很少添菜加餐，偶尔炒一盘花生米，父母不准小孩吃时“抬轿子”。所谓“抬轿子”，就是将一双筷子并拢，在碗里“抄”，因为这样有时能“抄”两三粒花生米。大人只准小孩用筷子“夹”，这样“夹”半天也只能夹到一粒花生米。徽州人的节俭真是从一点一滴的小事上也能反映出来。

要做廉贾

余闻本富为上，末富次之，谓贾不若耕也。吾郡在山谷，即富者无可耕之田，不贾何待？且耕者什一，贾之廉者亦什一，贾何负于耕。古人病不廉，非病贾也。若第①为廉贾。

——明 汪道昆：《太函集》卷45《明处士江次公墓志铭》

注释 ①第：但。

点评 这是明代歙县人江鞔对大儿子江一凤说的一段话。江鞔虽然是个农民，但他有文化，读了不少书。由于徽州地少人多，务农之路难以走通，所以就鼓励大儿子江一凤去经商。他语重心长地对儿子说："我听说人们最崇尚以本致富（即务农致富），以末致富（即以经商致富）就要次一等了。人们都认为经商不如务农。但我们徽州处在万山丛中，即使富人家也没多少田可以耕种，不经商又有什么其他办法呢？而且务农能得到十分之一的利润，那些廉洁的商人一年也只能得到十分之一的利润，经商又有什么不如务农的呢？古人只是恨那些唯利是图的商人，不是恨所有经商的人。你应该去做廉洁的商人。"一个农民能有这样的认识，真是难能可贵啊。这实际上就体现了一种家风。明清徽商之所以能够坚持商业道德，不赚昧心之钱，应该说与这种家风的影响是有很大关系的。

职虽为利，非义不取

尝命长子商曰："职虽为利，非义不可取也。"命季子业举子，则曰："学贵自修，非专为名尔，惟勤励俟（sì，等待）命，吾不以利钝责汝也。"

——《汪氏统宗谱》卷3《行状》

点评 这里说的是明代嘉靖年间歙县商人汪忠富的事。长子要去经商了，忠富对他说："经商就是为了赚钱，但不义之财不可取啊！"小儿子要去读书了，忠富对他说："读书贵在自己修养心性，不是专门为了功名。唯有勤奋自励，听从命运，我不会以成功与否来责怪你的。"我们不能不钦佩这位商人的见识。你看他对义和利、读书和修养之间的关系认识得多么清楚。和他同宗的汪忠浩把商业交给儿子们时也说："汝曹职虽为利，然利不可罔也，罔则弃义，将焉用之。"意思是说你们的职业就是为了赚钱，但利是不能不择手段去获得。不择手段就会背弃义，这样赚来的钱怎能用呢！可知那时的徽商由于受到儒家思想的影响，是按儒道经商，并形成家风一代代传下去的。

谆嘱六字

谆嘱六字，望尔牢记在心，存于行箧，不时敬读一遍，终身受益不浅。

一曰勤。勤则有功，做事须向人前不可偷懒。古语有云："少壮不努力，老大徒伤悲。"但不可与人赌力斗狠，有伤身体。须知身体发肤受之父母，不敢毁伤。

二曰谨。谨则事事小心，不敢妄为。从此加工，可以寡尤寡悔。凡做学生，切勿染近来习气。近日发生群居终日，言不及义，尔须痛戒。切勿成群结伍，沾染习气。当知学生不做出头，将来衣食无路。既学此行，须要学得精熟。圣人云："三人行，必有我师焉。择其善者而从之，其不善者而改之。"譬如同楼两学生，一个是勤习(学)好之人，尔即事事效之，与其亲近，尔亦可习好。一个是顽皮不学好之人，尔须刻刻远之，不可与其相处，恐染习气，且防被其引诱。总之，善人宜亲，恶人宜远。恶人宜远他敬他，免得他恼你。此谨字写不完的道理。

三曰廉。廉则不贪，可以安分安身。凡与人银钱来往，丝毫厘忽，不能苟且。做学生辛资，是尔应分之钱，此外皆是人家之钱。凭他累百盈千，尔不过为他经手，一毫不能苟且。凡传递银洋，须要当时过数，恐有差错，切勿随意。

四曰俭。俭可以养廉。金陵为繁华之地，近日学生习气，专以好吃好穿为务。银钱不知艰难，吃惯用惯，手内无钱，自必向人借贷。屡借无还，甚至借贷无门，则偷窃之事，势有不能不做。父母生尔一身，须知为父母争光，做出下流事来，父母听见羞愧。自己终身名节已坏，到那时回头，悔之已晚。不若粗布衣，菜饭饱，积得几文，寄归家内，一以慰父母之心，一以免自己浪用。

五曰谦。谦则受益无穷。凡做学生，则典中自执事以次，皆系尔之前辈。行坐起居，以师礼待之。遇事请教前辈，而你能虚心请教，则人自然肯教。你学得本领，系你终身受用。人偷不去，人骗不去。无论有祖业无祖业，只要自己有本领，将来就可立身扬名。

六曰和。和则外侮不来。须知君子和而不同，小人同而不和。

（末注云：和者无乖戾之心，同者有阿比之意。凡与人往来，出言吐语必要柔声下气。人即百怨于尔，见你满面和气，那人心里纵有嫌猜，已可冰消瓦解。）

出外谋生当守五戒

夫人生在世，能得替父母争气。立志成人，必要事事谨慎。饮食起居，皆要有节。凡有益于身心者，则敏勉为之。无益于身心者，则痛戒不为。人年弱冠时如出泥之笋，培植得好，则修竹成林；培植不好，则成为废物。出外谋生，当守五戒。

第一戒性情。性情宜温柔，待人和气，则事事讨便宜，人亦肯与你交好，受益匪浅。

第二戒嬉游。嬉则废正事，且多花钱，放荡心性。游则荒荡近小人，为君子所不齿。

第三戒懒惰。终日悠悠忽忽，不肯操习正事，则一生成为废材，到老不成器，晚矣。

第四戒好胜。凡好勇斗狠，有伤身体，皆不可为。且言语之间，均不能好胜。言语好胜，最易吃亏耳。

第五戒滥交。朋友为五伦之一，人固不能无友。益友、损友，心中需要看得明白。友直、友谅、友多闻，益矣。友便僻、友善柔、友辩佞，损矣。又云："无友不如己者。"

守此五戒，是个全人。一生安身立命，旨在于此。今次出门，迥与前次不同，今次成人受室，一切皆学大人之所为。典中出息虽无多，以节省二字守之，自然绰绰有余。年头岁底，不得寄空信回家，银钱一毫不可与人苟且。此生意第一件最要紧，余无他嘱。仔细思之，日夜记言之。

点评 这是现藏于美国哈佛大学图书馆的一份《典业须知录》，其中有《谆嘱六字》和《出外谋生当守五戒》，很有教育意义。从《典业须知录》旁注"浙江新安惟善堂识"来看，写信者肯定是徽商无疑。从最后"余无他嘱。仔细思之，日夜记言之"的叮嘱来看，显然是父亲写给儿子的信。徽州风俗，儿子十三四岁就要出去做学徒。即使父亲自己开店，也将儿子送到其他店中学习。父亲没有教他具体的商业知识，而是专谈如何做人、如何交友、如何处世，反映出这位父亲的见识是很高的。的确，无论出门创业干什么事，做什么生意，只要会做人，什么生意也能学会，什么事情都能做好。

鲍直润说："利者人所同欲，必使彼无利可图，虽招之不来焉，缓急无所恃，所失滋多，非善贾之道也。"

——《歙县新馆鲍氏著存堂宗谱》卷2《中议大夫大父凤占公行状》

点评 鲍直润是歙县一位盐商。虽然他是大盐商鲍尚志的儿子，但尚志并没有让他在身边享福，而是当他十四岁时就把他送到杭州做学徒。那时当学徒是非常艰苦的，不仅起早摸黑，扫地抹灰，还要把师傅服侍得好好的。进去半年后什么技术也没学到。晚上睡觉时他就对其他学徒说："父母把我们送来学徒总希望我们能学到真本事，现在师傅不愿教我们怎么办？我们能不能互相约定，白天只要听到看到什么有用的就互相告知，不要保密，这样一天就相当于两天了。"大伙都一致赞成。谁知此话让师傅听到了，很感动，于是尽量教授他们技术。可知他从学徒起就表现非凡了。学徒满师后鲍直润就辅佐父亲经营盐业，凡盐业上的事无不虚心学习。与人交往，和颜悦色，所以人们都愿亲近他。在贸易方面，他从不贪图小利，能让则让。有人对此不理解，劝他不要这样。他就说出了这段话。意思是说，利益人人都想得到，与人贸易，如果让对方无利可图，你就是请他来他也不会来啊。这样下去，一旦遇到什么急事，反而没有任何帮助，失去的更多啊，这不是会做生意的经商之道。这种观念实际上就是我们今天提到的双赢、多赢的道理。其实认真想一想，人际之间、国际之间相处不也是这个道理吗？

十、守法

毋犯国法

国法所以一天下也，当铭刻守之。苟犯徒，曾有放过何人？切宜以理制欲，以道御情，毋蹈此患，以致家破身亡。

——《祁门锦营郑氏宗谱·祖训》

点评 此条是祁门郑氏族谱中的“祖训”之一。教育族众不准触犯国法。国法是统一天下的标准，一定要铭记在心，时刻遵守。如果犯了徒、流、绞、斩等罪，何曾放过什么人？一定要以理控制自己的欲望，以道控制自己的情绪，不要去以身试法，以致搞得家破人亡。古人的法制观念还是很强的。

毋相攘窃奸侵

毋相攘窃奸侵以贼身也。攘窃奸侵，皆以为人不知耳，殊不知祸几所伏也。日久自然彰露，天理决不相容，王法亦难逃避，则是自害其身，害其身，是害其亲，亲可害乎？身可害乎？

——《祁门锦营郑氏宗谱·祖训》

点评 此条祁门郑氏族谱中的“祖训”也是要族众不要犯法。不能互相攘、窃、奸、侵以害自己，攘、窃、奸、侵总以为别人不知，殊不知你一旦犯了，祸机就埋下了，日久自然会暴露。一旦暴露，天理不容，国法难逃，就要自害其身。害自身就是害亲人，亲人能害吗？自己能害吗？“祖训”中的道理说得再清楚不过了。

朱子《治家格言》云：“国课早完，即囊橐无余，自得至乐。”旨哉斯言。吾族承祖考遗训，衣租食税，急公踊跃，世作良民，近因岁事不登，稍有逋欠，国家功令森严，催科限迫，民未投柜，官已临乡，胥役多人，排家骚扰，粮户典衣质器，医挖肉之疮，乡约鬻子卖妻，救燃眉之火。况于祠内银铛拖曳、鞭朴横施，祖宗在上能无恻乎。且交早交迟，总难逃逭，与其迟交而加倍受累，何如早纳而高枕无忧。

——《婺源翀麓齐氏敦彝堂祠规》

窝藏匪类及亲为盗贼行迹显著者，除永不许归宗外，禀官存案，以免后累。

——《黄山仙源杜氏家法二十二条》

在外为非结党、踪迹诡秘者，一经查实，除永不许归宗外，禀官存案，以免后累。

——《黄山仙源杜氏家法二十二条》

开场聚赌者，初犯跪香[①]，再犯者笞二十，屡犯不休者，照暂逐例，恃顽不遵者禀官惩治。

——《黄山仙源杜氏家法二十二条》

注释 ①跪香：犯错者罚跪，以燃香计时。

好勇斗狠携带凶器伤人肢体者，除责令医治外，暂逐出境，令其改过自新，三年无过，其亲房具保归宗，从中帮殴者同。其逞凶致毙人命者，家法不足以蔽辜[①]，公同送官究治。

——《黄山仙源杜氏家法二十二条》

注释 ①蔽辜：犹言抵罪。

夫不教而善，民之上也，教而后善，民之中也，教而不善，民斯为下。在子弟辈固不可甘自暴弃，而父兄长老尤宜禁于未然。其或有为群邪所诱者，必严绝其党羽，毋令作奸犯科，或邪谋之未遂，则理谕而势禁之，不可，则声其罪而惩痛之，简不肖以黜恶，亦乡大夫之教也。率是而行，庶不善者畏而思儆。

——《黄山迁源王氏族约家规》

子孙赌博、无赖，及一应违于礼法之事，其家长训诲之。诲之不悛，则痛箠之。又不悛，则陈于官。而放绝之，仍告于祠堂。于祭祀，除其胙[①]，于宗谱，削其名，能改者复之。

——《茗洲吴氏家典》

注释 ①胙(zuò)：指宗族祭祀祖先时的祭肉。祭祀完毕，胙肉分给宗族各成员，犯错者不分。

身教的力量

长辈的身教其影响是很大的，往往影响着子弟一辈子的行为。

歙县商人程参，字得鲁。从小读书，后因身体不好，乃随父程子镖到淮扬经营盐业。父业本来就经营不错，有了程参帮助后，发展更快。程参平时很善于学习，他常常细心观察父亲的处人处事的做法，发现父亲在经营中从不玩假，一切依法办事。虽然赚钱不多，但非常稳当，商界信誉很好。在父亲潜移默化的影响下，程参也凡事"必轨于正经"，决不干昧着良心的事。

那时，虽然盐的利润很高，但税收及各种开支也很大。不少商人开始走私贩盐，因为私盐躲过了税收，又躲过了各种盘剥，因而能够获得暴利，很多人就此发了大财。有人就劝程参也去走私，但程参毫不为动，认为违法之事决不能干，仍然老老实实地去经商。

果然不久，走私盐的事被官府察觉，中央下令严查不怠。按照明朝的法律，走私贩盐要受到严厉处罚。经过官府明察暗访，数十百人被查出，关进监狱，受到了严惩。程参却一点事也没有。别人都夸程参有远见，可他却说："吾父以朴示子孙，即参不贤，愿师吾父朴。"意思是说，我父亲一向教育子孙要老实经商，我虽不是一个贤人，但愿意按照我父亲的教导去做。可见父亲的身教给了程参多么大的影响。

（事见明 汪道昆《太函集》卷48《明故处士程得鲁墓志铭》）

朝廷赋税须要应时完纳，无烦官府追比，倘拖欠推捱，致受笞扑挛系，毋论于体面有伤，且非诗礼之家好义急公者所宜，各有钱粮之族丁，悉宜深省。

——黟县《环山余氏谱·家规》

点评 这是黟县环山余氏宗族的家规之一，专讲要按时缴纳赋税，不要等官府来催缴，倘拖欠推宕，导致受到笞扑或拘系，不仅有伤于自己体面，且也不是好义急公的诗礼之家所应有的事，每个应缴纳钱粮的族人，对此应好好思考，明白这个道理。我们从保存至今的大量宗族族规家训来看，“守法”是它们的共性。这对培养良好的家风是有重要意义的。

十一、助人

昔东平王苍[①]言“为善最乐”。夫世之所乐者声、色、货、利，而善则淡然无味，若无足乐者。然不知人而为善则明无人非，幽无鬼责，此心之天何等快足。此乐之在吾心也；况天之所佑、人之所助、鬼神之所庇恒在善人，而百顺之福集于厥躬[②]，此乐之在吾身也；不惟是也，积善之家必有余庆，积恶之家必有余殃。则为善之乐不惟见于身前，而且垂之身后矣。故人之处世，一言以蔽之曰：“为善。”

——《绩溪积庆坊葛氏族谱·家训》

注释 ①东平王苍：指东汉东平王刘苍。汉明帝曾问刘苍：“在家干什么最快乐？”刘苍回答：“做善事最快乐。” ②厥躬：本身。

点评 这是徽州绩溪葛氏专谈为善的家训。家训认为世上一般人都说声、色、货、利是最快乐的事，而说到行善则淡然无味，觉得没有什么可快乐的。可是他们哪里知道人做善事好处多多呢，明里没有人非议，暗里没有鬼神责备，此心是多么快乐！况且天所保佑、人所帮助、鬼神所庇护的都是善人，而百顺之福集于一身，此身又是多么快乐！不仅如此，积善的家庭，一定会有余庆，积恶的家庭，一定会有余殃。那么为善的快乐，不仅见于身前，而且持续到身后呢。所以人之处世，一言以蔽之，就是“为善”。古人在这里真把为善的快乐分析得淋漓尽致。徽商在致富后，为什么那么诚心诚意去助人、行义举，而且乐此不疲，正是在这种思想指导下的结果。

家之盛衰，系乎积善与积恶而已。何为积善，恤人之孤，周人之急，居家以孝弟，处事以忠恕，凡所以济人者皆是也。何为积恶，欺凌孤寡，阴毒良善，施巧奸佞，暗弄聪明，恃己之势以自强，克人之财以自富，凡所欺心皆是也。是故能爱子孙者遗之以善，不爱子孙者遗之以恶。《诗》曰："毋忝尔祖，聿修厥德①。"天理人欲，自宜修克②。

——《绩溪东关冯氏存旧家戒·家规》

注释 ①毋忝尔祖，聿修厥德：不要有愧于你祖宗的德行，要修炼你自己的德行，来继续祖先的德行。忝：辱，有愧于。 ②修克：坚持，克服。

翻译 一个家庭的兴衰，完全取决于是积善还是积恶，什么叫积善？抚恤他人的孤儿，周济别人的急难，居家遵循孝悌之道，处事遵循忠恕之道，只要是帮助别人都是积善。什么叫积恶？欺侮孤寡之人，阴谋毒害良善之人，投机取巧，耍小聪明，仗势欺人，霸占他人财产，只要是昧着良心干事就都是积恶。所以能爱子孙者一定要教他们为善，不爱子孙者才教他们为恶。《诗经》说："不要有愧于你祖宗的德行，要修炼你自己的德行，来继续祖先的德行。"天理和人欲，每个人都应该坚持天理，克服人欲。

点评 家训将积善与积恶提到关系到家庭、家族兴衰的高度来认识，这是非常可贵的。所以我们看到，徽商所在的所有宗族家训，无不教育宗族成员要行善，做好事，帮助人。而徽商在实践中确实也践行了这一点。只有我帮大家，大家才会帮我。这个道理很好理解，可是现实社会中就是有那么一些人吝于助人，冷漠无情。更有一些人处心积虑，损人利己，有的甚至到了丧心病狂的程度。这都是积恶。积恶之家，必有余殃。历史反复证明了这一点。

财当为有用，用徒供口腹、美观听，是委诸壑也，孰若节适使有余以及人乎？

——清《魏叔子文集外篇·文集》卷17《汪翁家传》

点评 这是清代初年休宁商人汪可镇说的话。汪可镇在明末到浙江温州梧溪经商，因热爱这里的山水，就移居到这里。他很会做生意，渐渐业乃大起。但他生性俭朴，常年蔬食布衣，欣然一饱足矣。一见到家人铺张浪费，就很不高兴。他常和家人说："钱财应花在有用的地方，如果只为了满足口腹、观听需要，这是无异于将钱财丢到沟壑里，怎比得上把节约下来的钱帮助别人呢？"他这样说也是这样做的。长兄家生活困难，他就定期给予资助；兄嫂去世后，他就照顾其子，并分出房屋给侄子居住。并供养仲兄之子读书学文，后成为举人。对族人、乡邻，只要有难，他都会援之以手，慷慨解囊。他的这些做法，形成良好的家风，正是在这种家风的影响下，他的儿子汪淇也是"好行其德"，受到人们的赞扬。

造物之厚人也，使贵者治贱，贤者教愚，富者赡贫，不然则私其所厚，而自绝于天，天必夺之。

——绩溪《西关章氏族谱》卷26《例授儒林郎候选布政司理问绩溪章君策墓志铭》

点评 这是清代徽州绩溪商人章策说的话。意思是说，造物主之所以对某些人特别宽厚，让他们成为贵者、贤者、富者，是要让贵者去治理贱者，让贤者去教育愚者，让富者去接济贫者，如果你不去这样做，把造物主对你的宽厚当成自己应该得到的只供自己享用，这就是自绝于天，天一定会把它夺回去。

姑且不论有没有造物主，反正这是章策的信仰。正因为有这样的认识，他认为自己经商致富了，决不能只顾自己享受，而应该"富者赡贫"，这才符合天的意志。所以他大力行善。据宗谱记载，道光年间，绩溪发生灾荒，他和叔父捐出一千几百两银赈灾，县令赠以"克承世德"门匾。他所经商的兰溪县河岸圮坏，他首先捐银五百两并倡议众人出力修建，终于合众力将河岸修好。徽商在兰溪经营的很多，有的人因病就死在那儿，章策带头捐银并号召所有在兰溪的徽商捐款，将这些死者灵柩运回家乡，数年仍不归者则在当地募人安葬。大家觉得这个办法很好，竟形成了一种制度，前后埋葬了数百具不能运回的灵柩，在这一过程中，章策出力最多。有船在严滩翻覆，淹死七人，被人拖到岸上。时值盛夏，章策立即出银雇人将死者安葬，并厚赠船工。他的义举感动了很多人，长期被当地百姓传诵着。

助人不留名

清代乾隆年间，汉口的百姓每提到助人为乐的事，无不交口称赞一名徽商，他就是江承东。

江承东，字晓苍，是徽州歙县江村人。歙县是徽州六县经商人数最多的，十家有九家都在外做生意。汉口当时号称“九省通衢”，是全国著名的水陆交通枢纽，自然也是商贾云集之地。从明代中期开始，大批徽商纷纷来到这里寻找商机，创基立业。江承东因为家庭困难，年轻时也来到汉口打拼。

当然，可以肯定的是，与无数的徽商相比，江承东不是著名的大商人，甚至他从事什么行业历史上也没留下什么记载。但正因为他只是一个小商人，却能够慷慨助人、热心义举，就更显得难能可贵了。

方志上简单记载了江承东所做的这么几件事：

一是为久已去世的伯父母安葬。徽州有个习俗，人死后，家人必须找一块风水好的地块下葬，如果一时找不到，或找到了却买不起，宁可将棺木置于露天之下，也不草草下葬。这其实是个陋习。承东伯父母可能就是由于这个原因，几十年没有安葬，可能他的后人再也没有这个能力了。作为侄子的江承东一直对此念念于怀，所以当他稍有积蓄后，立即买了一块墓地将伯父母安葬了。

二是为堂兄和嫂子归葬。堂兄和嫂子也在汉口经商，不幸双双因病离世。按当时风俗，旅外之人如果去世了，一定要归葬家乡。可能堂兄已没有后人了，所以灵柩迟迟不能归葬家乡。承东一直将此事记挂在心上，在经济实力允许后，他就花钱将堂兄与嫂子的灵柩运回歙县家乡营葬。

三是为高祖以下先辈无后者营葬立碑。承东先世由于经商侨居扬州，从高祖算起也有五代人了，不少人由于无后死了也就草草埋了，连块墓碑都没有。承东知道后，回到徽州老家，查宗谱，访老人，高祖以下情况摸得一清二楚，尤其是高祖以下的先辈绝后的人都记下名单，然后回到扬州，一一为这些人营葬立碑，为本宗族尽了一份力。他还捐钱买田作为祭田，奉祀高祖以下先辈，那些无后者也得附祭。

四是最感人的助贫济困。那时汉口既是众多商人的淘金之地，也是无数穷人糊口之所。穷人来了后建不起房，只能找块空地搭个简陋棚子居住，当地人称其为“棚民”。棚民多了，就成了棚户区。每逢除夕，有钱人家杀鸡宰鸭，欢欢喜喜过年，无钱的穷人家徒四壁，何以卒岁？江承东深知这一情景。此前他就将整银换成很多碎银，分包成许多小包，每包都有足以供一家过个年的银钱。他暗中嘱咐自己的子侄，要他们怀揣若干小包，来到棚户区，发现哪家冰锅冷灶，就甩一包碎银进去，然后转身离去。不少徽商被他的行为所感动，也纷起效仿。就这样，救济了多少棚民啊。

十二、义行

汪拱乾孝义传家

汪拱乾是清代婺源县人，从小父亲就去世了，因而家境十分贫穷，常常饥一餐饿一顿，母亲实在无法，只得让他去经商。他小小年纪，只能当学徒。虽然学徒生活十分艰苦，但他都挺下来了。几年下来，他在踏实干事的同时，又认真学习虚心求教，掌握了不少生意经。

学徒期满，他就走向商场，独自经营了。先从小本生意做起，一方面维持生计，一方面积累资金。经过十几年的努力，他的生意渐有起色，慢慢开始发家了。待到五十岁时，生意已做得很大，自然利润也很多了。他在家乡买了不少田地，又盖了新房。即使这样，在生活上汪拱乾还是自奉俭约，像贫穷时一样。

经受过贫穷的人，即使富了也会同情那些穷人。所以不少穷人往往向汪拱乾借钱，汪拱乾总是有求必应，借出的钱也不管他们什么时候归还。久而久之，箱中的借券已经装满了。

当他快到六十岁时，有天晚上从儿子的房间走过，听到几个儿子正在议论家事，他不禁停了下来，站在外面听。一个儿子说到近几年家中的生意做得不错，又赚了一些钱。另一个儿子说："世上的事物有盈就有亏，凡事总得留有退路啊。"

"大哥,你这话是什么意思?"一个儿子不解地问道。

"你们听说过陶朱公的故事吗?"大儿子问道。

"知道呀。"

几个儿子从小就读书,司马迁的《史记》更是他们的必读书,他们当然知道陶朱公了。陶朱公就是范蠡,他是春秋末年著名的政治家、军事家和经济学家。他辅佐越王勾践灭了吴国,自己却急流勇退,隐姓埋名远走经商了。谁知他三次经商三次成为巨富,自号陶朱公,被后人誉为"商圣"。令人惊叹的是,他三次都把千金散尽给穷人。后来他的次子因杀人而被捕,最后还是被处死。

"你们想想看,"大儿子接着说道:"陶朱公屡积屡散,他的儿子仍不能免祸,何况我们家聚而不散啊!"

"那大哥你说怎么办?"

"我认为还是要积而能散才好,但不知父亲同意不同意啊?"

听到这里,王拱乾快步走进房间,对几个儿子说:"你们说的好,我有这样的念头已很久了,就怕你们不同意啊。"

父亲这么一说,几个儿子非常赞同。大家都想到一块了,十分高兴。

第二天,几个儿子分头通知让每个借款人都来汪家,汪拱乾拿出所有借券,与来人一张一张核对,合上了就把借券还给对方,从此不再归还了。那些借款人个个笑逐颜开、千恩万谢。一个儿子在旁统计,结果一算竟然有八千多两银子,这可是一笔巨款啊!

汪家的义行,很快传遍当地。乡里绅士反映到官府,希望给予表彰。总督于成龙奖给冠带荣身,并赠以匾额"满门孝义";布政使柯永升题写匾额"惠施流布"赠之;县令宁鹏举也赠以"旷古高义"匾额。这件事在当地百姓中一直传为美谈。

(事见光绪《婺源县志》卷31《人物·义行》)

江灵裕重义好施

徽商重义,确是普遍现象。只要翻开徽州地方志的"义行"篇,就可看到

徽商大量义行的故事。

江灵裕是婺源县江湾人，本来从小读书，兄长在外经商，生活也还过得小康。不幸父母先后离世，兄弟俩顿成孤儿。书显然念不成了，江灵裕只得也去经商。

商场如战场。战场有胜有负，商场也有亏有盈。兄弟二人虽然都在外经商，但两人命运却不一样，灵裕赚了一笔钱，而哥哥却欠了一堆债。可就在这时，哥哥结婚，按理就要分家。灵裕想，这一分家。哥哥的日子就更难过了。于是他做出一个重大决定，自己代哥哥偿还所有债务，好让哥哥卸掉一切负担去经营新家。哥哥嫂嫂的感动就不必说了。

然而，哥哥似乎命运一直不顺，后来若干年生意也没多大起色，而且又染病在身，最后竟沉疴不起，不幸去世。丢下孤儿寡母，这日子怎么过呢？

好在灵裕极重兄弟手足之情，他带领侄子一道经商，向他传授商业经验。他知道嫂嫂一人在家生活肯定困难，所以他每次给家里寄东西，总是有嫂子一份。有时东西不够分，他就在信中特别交代，这是给嫂子的，其他人不能动。后来侄子结婚，所有费用都是灵裕一手承担。正是在灵裕的关心爱护下，嫂侄两人过着安定的生活。

当然，江灵裕不仅仅重兄弟之情，对其他人也是讲情讲义。族中有人欠了灵裕一笔钱，但此人后来又死了，那人的妻子打算把家里仅有的几亩薄田卖掉还债，灵裕知道后坚决不同意，他想如果把田卖了，那她们孤儿寡母更无法生活了，索性将这笔债务勾销了。灵裕曾在温州经营茶叶，经常与恒泰银号打交道。有一次，恒泰银号根据账簿记录，还了四千两银子给灵裕。但灵裕记得这笔款项上次已经还清了，可能银号在账簿上忘记注销了，所以这次又误兑了。灵裕立即将这四千两银子退了回去。

灵裕重义好施的事迹一直在当地传颂。

（事见光绪《婺源县志》卷 35《人物 · 义行》）

吴鹏翔义焚毒胡椒

明清时期，湖北汉口镇由于地处要冲，四通八达，与京师（北京）、佛山、苏州并称为“天下四聚”，是“楚中第一繁盛处”。这里商业十分发达，各地的商人都来到这里寻找商机，买卖淘金。大批徽商也在这里聚集，形成了很强的势力。

清代休宁人吴鹏翔也经常来此经商，并侨寓在汉口。他从事的是粮食贩运业务。那时，长三角一带的农民由于“舍稻种桑”、“舍稻种棉”，发展丝绸业和棉布业，粮食也就常缺了。徽商正是看到了这一商机，一部分人把此地所产棉布、丝绸运到外地销售，另一部分人则把四川、湖广（湖南、湖北）所产的粮食运到长三角一带出售。

吴鹏翔虽是一名商人，但他很讲究商业道德，经常做好事，所以在同行中声誉很好。有一次他从四川运了几万石粮食来到汉阳，正逢汉阳闹灾荒，到处都是饥民，粮价也涨了几倍。同行见到他，纷纷告诉他这一消息，认为他这一次能大发一把了。但吴鹏翔看到当时饥民的情况，毅然做出决定，将所有粮食全部按平价出售。这下饥民得救了，社会恢复了安定。

还有一次，吴鹏翔在汉口买了八百斛（一斛等于五斗）胡椒，准备运到外地销售，钱已付过，胡椒也拉回来了。后来他发现此次胡椒有点异常，马上请内行人来鉴定，鉴定结果证明此胡椒有毒。吴鹏翔真感到万幸，他认为如果将这些卖掉，那要害多少人啊。于是，他立即找到卖主，卖主知道真相败露，还有什么话可说呢。只得把钱全部退还。

想不到吴鹏翔没有接收退款，仍然把胡椒全部买下了。回到家中，他叫来一帮伙计，将八百斛的胡椒全部倒在大院里，然后一把火将其全部烧得一干二净。

这不是在烧自己的钱吗？天下哪有这样的傻子啊？但吴鹏翔却冷静地说：“我如果将这些毒胡椒退掉，那人肯定要把它再卖给其他顾客，这不仍然是要害人吗？”

（事见嘉庆《休宁县志》卷15《人物·乡善》）

“瘠人肥己，吾不忍为”

不同的人经商，会有不同的行为。有的人为了赚钱，可以不择手段，卖假

掺假，损人利己，无所不为；但有的人经商，讲究道德，以义取利，昧心钱坚决不要。清代婺源商人詹元甲就是这样的人。

詹元甲从小就爱读书，本来想走科举入仕之路。后来由于家境贫寒，不得不放下书本，走向商途。他在安庆设了个瓷器铺，专门从景德镇贩运一些瓷器到这里销售。

别看他是个商人，实际上他的才学绝不亚于一个文人。他虽然被迫经商，但书本典籍可以说一日未丢。平时只要有空，必然拿起书本认真阅读，因此掌握了很多中国传统文化的精髓。为了“抒胸臆，涤烦襟”，他爱上作诗。古代名家诗作，背诵起来，朗朗上口，滔滔不绝。他不但能吟诗，而且会做诗。只要有感，必有诗作问世。凡是读过他的诗的人，无不啧啧称叹。久而久之，积篇成帙，竟汇成一本诗集，命名为《苍崖诗草》，准备将来付梓留念。

安庆府知府陈其崧是个不凡的人，才名藉甚，更有很多诗作问世。上任不久，就想打听当地名士，有人将詹元甲写的诗推荐给他。他读后大加赞赏。当他得知詹元甲只是一位商人时，更惊讶万分，一定要在第二天亲自去拜访詹元甲。

知府屈尊登门造访，这还了得！一般人早就受宠若惊，不知所措了。但詹元甲却不卑不亢，以礼相待。经过交谈，陈其崧感到詹元甲确实不同一般商人，他不仅知识渊博，举止文雅，而且淳朴老实，真是一个值得信赖的人。陈其崧当场就和他交上了朋友。

有一年，安庆遇到大灾，粮食颗粒无收。饥民载途，嗷嗷待哺。身为父母官的陈其崧看到这一情景，忧心如焚。他决定拿出公款二十万两银子去外地采购粮食拯救朝不保夕的饥民。但是，在派谁去的问题上，他犯踟蹰了。这是关系到几十万人的性命的大事啊，如果所托非人，不仅自己官位不保，千万黎民众生命也难保啊。此人一要精明干练，二要稳妥实在，衙门里的人难以胜任啊！

想来想去，他突然想到詹元甲，“对！唯有元甲，堪此重任。”他立马找到詹元甲，说明来意。詹元甲也认为，救人如救火。知府如此信任，还有什么话说呢？

詹元甲带人火速赶到采购地，刚一住下，就向旅店老板打听粮价。旅店老板听说他带了二十万两银子要采购粮食，马上把他独自引到房间，悄悄对他说："到我们这里买米，照例都给回扣。自数百两到千、万两都有回扣。回扣多少，要看你买多少粮食。先生带了如此重金前来采购，我算了一下，可以拿到几千两银子的回扣啊。而且这是多年的惯例，不会伤害你廉洁的名声的。"

詹元甲听后，毫不为动，毅然说道："当今我们那里饥鸿载途，嗷嗷待哺，哪个不在眼巴巴盼着救命的粮食啊。我如果多拿一钱回扣，灾民就要少一勺粮食，说不定性命就没了。瘠人肥己，吾不忍为。"旅店老板也被他的真心所感动，泪水止不住流了下来。他接触过无数前来采购粮食的人，真还没见过像詹元甲这样讲良心的人。他立马把詹元甲领到一家信誉很好的商人那里。

詹元甲一钱回扣都没拿，买了二十万两银子的粮食火速运到安庆，灾民得救了。陈其崧握着詹元甲的手，激动得半晌说不出话来。

（事见光绪《婺源县志》卷34《人物·义行》）

闵世璋善行录

闵世璋，字象南，明末清初歙县西乡岩寺镇人。少年时，他是一个贫苦的孤儿，9岁时因交不起学费就停学了，稍微长大便刻苦自学，识了一些字，知晓了一些文章大义，懂得了做人的道理。他在阅读了《史记·蔡泽传》后，很受启发，便去往徽商众多的扬州闯荡人生。闵世璋先是在同乡人的店里当会计，因办事忠诚，很讲信誉，遂得到东家的信任和依靠。后来，他省吃俭用，积累有千金之后，便以此为资本，自己做起了盐的生意，因善于经营，很快就累资巨万，成了一名富有的商人。在有了富裕的钱财后，闵世璋除了自己的生活用度外，将大部分的钱财用到行善的事情上，前后数十年，因此到他72岁逝世时，家产并不富饶了。闵世璋一生所做善事很多，现叙述如后。

建扬州育婴社

清顺治十二年(1655)春天，有位叫蔡商玉的，看见有遗弃的婴儿在地上，顿生怜悯之心，便把婴儿抱了回来，将情况告诉了闵世璋。闵世璋闻知后，立即嘱咐下人为这个婴儿雇了一个乳母喂养，每月付费5钱。他由此想到扬州地处南北要冲，四方游宦贵富者很多，他们为了传宗接代，多买姬妾养在家中，生息也很频繁，而且常常以加倍的工钱雇佣乳母。而一些贫苦人家，贪图工钱丰厚，往往在生了孩子后，便把自己的孩子丢弃于水中或路边，自己去为富人家做乳母。所以扬州的弃婴比别的地方多，人们耳目听不到见不到的不可胜数。他把自己的想法与诸位同道者说，要建立一个育婴社馆来收养弃婴。这是一件积德行善的事情，同道们都表示赞同。于是扬州育婴社便由闵世璋为主要投资人建立起来。他特地请蔡商玉主持这件事情。从此每每都有弃婴被收养，多时达200多个。

清顺治十六年(1659)，海啸爆发，育婴社内许多人东西奔窜，资金也有些匮乏，乳母们都想舍弃婴儿离去。蔡商玉不知如何是好，赶紧把情况告诉闵世璋。闵世璋对他说："不要慌，我还在呢。"于是他独自给予资金数月，使育婴社得以继续办下去。海啸过后，社里的人又稍稍回来。时间一久，这些出资人中，有迁徙他处而退出的，也有因家境中落而无法继续的，资金又面临匮乏了。这时有位叫李书云的，在京中担任给事之职，因母亲逝世而回扬州。闵世璋闻知，就和程休如一起去拜见李书云，邀请他加入了育婴社，使育婴社得到发展。从开办以后，坚持23年，收养的弃婴有3000多人。

设金山救生渡

长江东流数千里，折流至京口处，江面最辽阔，又去东海不太远，而一座金山峙立中流，形成波涛汹涌激荡，往往有舟船倾覆、人员死亡的事情发生。闵世璋见此，每年都租赁数艘渡江船安排在金山边，并用重金招募善于驾驶的艄公，一遇到翻船的事发生，立即划动飞桨，前去救助。考虑到驾船的人贪图其他钱更多的事，而不去及时救人，闵世璋就和另外几个徽商如吴自亮、程休如、汪子任、吴道行等，订立了奖励条约：凡是渔船皆得救人，救活一个，给金子一锭的酬劳；救上来已经死的，给十分之六的酬劳，余下十分之四，作为安葬费用，并请京口和瓜洲的僧人主持此事。闵世璋等的这一举措，也救助了不少人。

施药于扬州

清顺治十六年(1659)夏天,扬州四乡发生很厉害的瘟疫。闵世璋立即延请医生在三义阁下,开展施药医治。每日带病前来就医就药的有五六百人,前后共义诊施药 100 余天。

康熙十一年(1672)扬州又发生瘟疫,闵世璋又在浮山观施药百日。两年后的康熙十三年(1674),瘟疫再次发作,闵世璋在高家店进行施药。前后 3 次施药义诊,救了近 9 万人的生命,所花费约有上千两银子,其中募助的仅十分之二,大部分钱为闵世璋捐出。

像这样救人于危难的事情,闵世璋在少年时就已经做过了。那时,他代替亲属押运盐船到江苏高淳,当盐船行驶到石臼湖时,突然狂风大作,船的桅杆从中间折断。运送盐船的船夫当即哭号连连,呼喊道:“桅杆折断了,我怎么向东家交代?”说着就要投水自尽。年轻的闵世璋急忙一把抓住他,连连呼道:“你不必如此,我替你赔偿。”当时,闵世璋还很贫穷,积攒了数年才得二金,却尽数给了运盐的船夫。那船夫感谢他说:“是你救了我一条命啊!”

济人于急难

救济他人于急难之中的事情,在闵世璋身上发生了很多次。

他的外祖父家有 4 个已殓尸的棺材,因缺少钱财,多年没有下葬。闵世璋稍微富裕后,立即拿出 30 两银子,一日全部安葬下去,解决了外祖父家日久未办的大事。

闵世璋有个姓洪的朋友,妻子去世了,他才 40 岁,因为贫穷而不能再娶。闵世璋知道后,对洪说:“你本来就是单传,现在妻子亡故,没有生子,如何传宗接代呀?”洪说:“我也想续娶一个妻子,生子延续我洪家香火,但我实在没钱,如何办呢?”闵世璋立即赠他 100 两银子,并亲自为他选择了续妻,后来这姓洪的朋友与续妻生了 4 个儿子。

有位姓罗的人，长得丰仪俊美，一表人才，却因为家境赤贫，碌碌无为于市井之中，白白地虚度人生。闵世璋见了，就极力劝他好好学习，并给以资助，还介绍他事情做。后来，此罗姓人在闵的帮助下，家业一天天地发展，累资达1万余金。

有汪氏兄弟二人，向闵世璋借贷了1000两银子，去做大米、黄豆贩运生意，结果大大亏折，而兄弟俩竟也相继身亡。他们的妻子从徽州老家赶来，找到闵世璋，用家中所存的瓷器及130两银子作为偿还。闵世璋见到这副情状，不由心中恻然，说："你们已是孤儿寡母了，以后的日子如何过哟，我怎么好收呢？"说完，将瓷器和银子全部归还给她们，未收取一文。

有位姓吴的人曾居住在闵家塾学里两年而离去，到年老时，带着儿子来见闵世璋，居住了半个月，却终日长吁短叹。闵世璋感到很奇怪，便问道："吴翁，住在这里，不舒服吗？为何老是叹气？"吴翁不好意思地说："不是住得不好，而是想向你借贷60两银子，让小儿去做点生意，也好过日子，却怎么也开不了口。"闵世璋明白了吴翁之意，笑道："这有何难？你早点说，不早就解决了。"第二天，闵世璋就如数赠给了银子。

有个姓胡的塾师到闵家塾学才4个月，就去往故乡泰州赴州学考试。不料他的妻子竟然在生儿子时难产身亡。胡塾师的父亲就拿着自家的房屋契书，到闵世璋跟前哀求道："闵老爷，我的儿媳不幸难产身亡，家中也没有钱财，现在将房子向你抵押30两银子，买个棺材收敛吧。"当时正是酷暑季节，闵世璋说："老伯，现在天时炎热，这事可耽搁不得！"说完，把房契还给胡翁，立即赠送50两银子，说："这点银子拿去吧，办丧事可能还有结余，就不要再向他人借了。"胡翁叩首称谢而去。

兴化县有个姓赵的人，在闵家塾学从教数年，家中因连续闹水灾，以致非常贫困，屡次向闵世璋借贷，已经达到数百金了。后来，这赵塾师去世了，所借的钱却一毫一厘也没有归还。闵世璋没有计较，而是把赵塾师先后留下的借券拿出来，全部交还给赵的儿子，说道："既然令尊已经去世，那么这些东西也就不要留到我这里了，以免连累妻子儿女。你拿回去吧。"那赵家的儿子感激不已。

歙县有个姓汪的人，曾向闵世璋借贷3000两银子，去做盐业生意，不料大为亏损,因债务沉重,竟然忧郁而死。这姓汪的自己没有儿子,是他兄长的儿子把叔父的灵柩带回故里。故人逝世,闵世璋便拿着酒浆纸钱去祭拜,口中祝道:"汪兄啊,你的魂气长在,可不要再记挂欠债的事了,安心地去往天国吧!"说完,就从怀里把汪所写的债券取出,点着火,在棺材前全部烧了。在场的人都大受感动,连连称赞闵世璋的善行。

扬州下河有位姓周的妇女,携带着年幼的儿子马骥,来到闵世璋这里,哭诉道:"我们那里连续七年发生水灾,粮税欠了很多,实在缴纳不出,丈夫已受官家杖责,可怜他被打得血肉淋漓,甚至要拘留我们妻子儿女,去替代粮税。这是要逼我们一家的性命啊!"说着,泪水涟涟。闵世璋是个心慈的人,听了周氏这番哭诉,不由心中凄然,立即为她家补偿了拖欠的粮税,从而拯救了她的一家。

闵世璋有个姓程的朋友,纳聘已有一年,眼看婚期将近,然而没有钱财,无法完婚,不禁嗟叹不已。此事被闵世璋知道了,立即答应资助他一些。谁知闵世璋出门办事回来后,因事情太多而忘记了,到了半夜,他忽然想起此事,心里顿时说:"坏了,答应人家的事,竟然给忘了。不行,我不能失信于人。"于是,他立即从床上一跃而起,披上衣服,取出金钱,遣下人赶快送去。终使程姓朋友于第二天办成了婚礼,后来生了4个儿子。

闵世璋救助他人于急难的事情还有很多,这里就不一一细述了。

热心于赈灾

闵世璋还热心于赈灾的事情。清康熙初期,扬州下河一连7年发生水灾,每日,饥民成群地聚集于扬州城。闵世璋见此情况,首先拿出600两银子,并倡导诸位同仁募捐粮米,在南门外净慧园设立粥厂,煮粥施予饥民,每日来吃的饥民有2万余人,并坚持了数年。然而水灾仍然不断,前来就食的饥民越来越多,于是,闵世璋即联络同道者,请示于巡盐御史,得到支持,拿出盐引资金予以捐助,在扬州城的四门都设立粥厂,并且布施絮被和衣服。从康熙九年(1670)9月到次年3月,每日就食的饥民4万余人,所救活的饥民不可胜记。

水灾接连发生7年，死亡的人很多。闵世璋捐献棺材帮助安葬，也实在供不过来，只好用草席将他们埋葬在四关之外，他也花费了390余金。在清军攻破扬州城的时候，死去的人，遍及扬州城内城外，尸体堆积如山。闵世璋只有延请僧家一起，简单地给他们卜地安葬，一连10余年不绝。他还设立斋醮，请道士祭祀诵经，点燃拨路灯，为幽灵超度，以不使孤魂怨鬼迷惑行人。这样他所花费的钱财，不可数计。

扬州城北门外的养济院倾倒了，那些鳏孤老病的人便无所庇护了。闵世璋就倡导同道的人，把养济院修葺一新，还在院内设立佛像，以化解和宽慰他们的心。

闵世璋曾渡长江到九华山拜谒佛门，却见有下河的饥民蜂拥在江口。他便买米赈济了3天，使饥民们离去。

热心于交通

闵世璋的善行还表现在热心于修桥铺路等公益事业上。

仪征县县所后面有一座仁寿桥，是运输食盐的必经之路，历时久远，已经颓废，即将倒塌，许多巨商从此经过，熟视无睹，不管不问。一日，闵世璋经过此桥，立即花费百金，购买木材，把桥修好。

扬州西门有一座双桥，毁坏后，道路仅剩一孔之地，过往行人只有撩起衣服涉水而走。闵世璋见了，也花费百金修好如初。

扬州二十四桥，有的地方损毁了，闵世璋花费 30 两银子把它修好了。他修的大小桥梁，举不胜记。

扬州城北门外，有座司徒庙，庙右手有一段山坡路很是险峻，雨下久后，稀泥有数尺深，十分泥泞，骡马驮物从此经过，往往蹶蹄伤人，而人背负重物过此，也往往跌倒。闵世璋从此经过，发现情况后，立即出资，雇人将山坡路削为平坦之路，方便了过往行人。

大运河距扬州城南门五里处，运输盐、粮的船只以及其它的大船经过此处，每每被水底不明之物刮坏，甚至船翻人亡，危害已有数百年了。故老们都传说这里河下埋有神桩，是灵怪特地设下以呈威力的。清康熙十三年(1674)正月，运河干涸，所谓“神桩”也露出来了，原来是有无数巨大的楠木根桩竖植在河道下，参差不平。闵世璋见了便询问有关人，人们回答道：“从前，有僧人曾雇请人到水中砍削过，按日付给工钱，但没有能够拔除一根桩。”闵世璋说：“那好，今日水干枯了，桩也显出来了，正是拔除它的好时机，不可失去啊！”于是，他会同程休如冒雪到那里认真察看，并请徽州人方子正、汪彦云具体操办此事，他则拿出钱来，放在一个匣子中，发出号令说：“谁能拔起一根大桩，给予他一两银子，小桩则递减。”人们便争相下河设法拔之，仅用 3 天，就拔起了 160 多根楠木桩。又过了 3 天，大水涌来，舟船恢复了通行，再也没有祸患了。

热心于兴修庙塔

闵世璋是一心向善的人,因此对庙宇塔坊等建筑物也很关心,出资兴修的也很多。

扬州孔庙里的孔子圣贤像,还是明代嘉靖年间,采用内阁大臣张璁的建议兴立的,已经过去150余年。清康熙十年(1671),朝廷颁发部牒,复令天下孔庙要更新木主,重立孔子圣像,扬州自也不能例外。当时掌任扬州儒学的官是一个徽州人。他们打开装圣像的皮阁,那座孔子像已是丹漆脱落,手、足和面容都已不具人形,让人不忍正视。朝廷发布命令,却是没有经费的。怎么办?身为徽州人的儒学官便来找大善人闵世璋商量。闵世璋果然心善,立即欣然答应,说:"待我卜日出资。"因为兴立孔夫子像不是一般事情,当要选择一个吉日良辰。在闵世璋出资下,立即敦请匠人动工,很快就完成了。但见孔圣人衮服冠冕,光彩闪闪,面南而立,其他诸贤人也章服华彩列坐西东,整个庙堂,煌煌炳炳,肃肃穆穆,谒拜的士人学子如同亲见了孔圣人一样。

江都县治的西面,有座禹王庙,不知建造于何年何代。此庙地势颇低,年代已久,歪歪倒倒,屋架尽散,门庭内杂草丛生,密不可行走。当时,此庙东边的城隍庙、西边的浮屠,都在郡人的兴修下呈现出金碧辉煌的景象,唯有这座禹王庙仍是一副破败象。闵世璋见了,不禁发出感慨,说:"大禹治水,功在万世,不是他,天下可说是没有活着的人了。然而他的庙宇却面貌如此残破,人们真是忘本啊!"清康熙十年(1671),闵世璋出资,动工兴修,第二年就落成了,楹殿宏丽,丹雘焕发,又更新造了大禹圣像,比旧制高大一倍,圣像两边还配享了五谷之神稷、殷朝之祖契、虞舜时的刑官皋陶等神。西边则建了文昌阁,使整个建筑形成庄严气象。

扬州城南有一座七级宝塔,建造于明代万历年间,乃因为此处水势迅猛流驶,直下东南而去,以致风气偏枯,所以当时造此塔以镇之。时间日久,已兴修多次。到了清康熙七年(1668)夏天,突然发生大地震动现象,以致宝塔像笔杆一样摇晃,而且塔顶竟然震塌,坠落到地上,诸位佛像也暴露出来,刮风下雨便显得披离不堪。面临此情况,一心行善的闵世璋便又把这事挂到心上。他一方面嘱咐道人唐氏向大众募捐，响应者自有不少人，但资金仍是不足，他便尽自己的力量进行维修，换了覆盖的椽木，更新了砖瓦，重建了塔顶，自下及上，使宝塔焕然一新，成为扬州一处壮观地标。许多人都说，这是矗起一支巨大文笔，将大有力于科举。后来，扬州人果然考场捷报频传，说是重修宝塔得到应验了。

闵世璋行善风格

闵世璋一生做了这么多的善事，这与他的为人风格有关。闵世璋虽然自幼因贫穷读书甚少，但他一生都喜好读书，到了70余岁，每天到深夜都手不释卷。他曾抄录了古人的许多格言，贴在住屋的墙壁上，既是为了自勉，也是为了教育子孙。他曾对人说："我平生不喜欢赌博，不追求美食和华丽的服装，不到娼优处游玩，也没有其他嗜好。留着钱干什么呢？"

的确，他居住的房屋既偏僻又狭小，没有园林亭台，没有娱乐的场所。人们每每劝他撤旧建新。他说："你看我这里，既能挡风，又能避雨，不是很好吗？况且我这样已经很久了，也已经习惯了，就像老朋友一样，我还舍不得放弃呢。"

也有人劝他，布施要节制一些，多留一些钱财给子孙。闵世璋说："那存钱的扑满（民间储蓄罐）有入无出，但一旦满了，人们就要把它敲碎了，我担心它碎，所以不敢满。况且我的子孙也没有贫穷，如果非要等到太满被敲碎了，那么想过一个中等人家的生活也是不可能的了。"

闵世璋做了许多善事，但他为人却很低调。许多事情做了，也不愿让人知道，或隐去自己的名字，或假以他人之名，公众场合往往推辞多，办事情不喜欢张扬。然而，士人君子、里巷居民、行旅之人都知晓闵善人的作为，颂扬着他的善行。

（张恺编写）

通大义的汪啸园

汪啸园，名士嘉，字国英，啸园是他自己取的号。世代为歙县人，家居住在一个叫芦溪的村子。他的祖父汪良璧是越国公汪华的74世孙，父亲汪凤冠也是一个具有隐德的人。

汪啸园自幼就表现得颖悟过人，读书能够通晓大义，本期望通过奋斗在科举仕途上取得成就。但稍长大后，他便感到家境难以维持，他不愿拖累家庭，于是放弃科举之途，外出经商。他经商之处在楚地(今湖北湖南一带)，隔一年就要返乡侍奉父母，必要兼具珍馐美味以孝父母，而且常在父母跟前承欢说笑，以使父母欢悦。到他中年时，父母先后逝世。他的商业经营虽然日益兴旺，钱财也愈来愈多，但每每思念起双亲不能得到享受，便在夜间潸然泪下，流湿了枕席。

汪啸园在自己的生活上很节俭，然而他对自己的诺言却丝毫不苟，有一种出自天性的抱义好施的品格。秦地(今陕西一带)有一个人落魄在楚地已经多年。汪啸园与他相识后，觉得那人通过努力会振兴起来的，就慷慨地借钱给他经营一些小生意，而且没有要他立下借据，也不收取利息。不料那人做生意却亏本了，汪啸园没有责备他，依然如故地借给他钱，鼓励他刻苦经营，希望继续帮助他渡过难关。然而那人却为疾病所缠绕而突然回秦地去了。汪啸园也不问债务的事情。隔了一年，那人疾病加重了，临去世前，他对儿子说："徽州汪啸园先生慷慨助我，我不可以辜负汪先生啊！你当将我欠他的债务予以还清啊！"那秦人逝世后，他的儿子在经营有成的数年以后，立即奉父亲临终遗命，来到楚地，如数还清了汪啸园出借父亲的钱。人们都赞扬这是两位君子，两个贤人。

楚地濒临长江、汉水，经常造成重大水患，把岸边的一些坟墓冲荡出来。汪啸园不忍心故去的人尸骨漂散，便拿出资金购置一些小棺材，招募人收拾亡者尸骨，予以埋葬。这样的事一做就是许多年，花费的钱也难以计数。

汪啸园回到家乡，就把善事做到家乡。他看见宗族祠堂损毁多年，便首先捐资同宗族的人一起，经过数月时间，把宗祠修葺一新。芦溪村有一条溪流穿村而过，汪啸园便接着出钱，和村人一起修建了桥梁，并整治了道路，使家乡的交通状况大为改观。他对族中人的生活也很关心，有的人婚嫁时遇到困难，有的人衣食不能自给，他往往会给以资助。

汪啸园生平沉默寡言，不苟言笑，行事低调，闲暇时则静坐在家中，不喜欢跟随他人征逐于世。但只要有人以急难的事告诉他，他经过深思熟虑后，必会使求助的人得到满足，他自己也感到心安。他喜欢购买书籍，收藏经史子集无数，从不厌倦。有人问他为何如此？他说："我只想把这些留给后人，让他们也做一个通晓大义的人。"

（张恺编写）

仁义之士许涧洲

明朝年间，在徽州府绩溪县华阳镇东的云川村，有一位名满乡里的仁义之士，姓许，名金，字廷，号涧洲，人称涧洲公。

他之所以能成为一名仁义之士，乃是他的祖上传有良好家风之果。先说他的祖父，为许杰，字良士，是一位饱读诗书，积学一身，但不肯当官求禄的守节隐士。可惜的是，在生下儿子后，未能享尽天年便辞世而去，留下贤妻章氏守志，章氏对上侍奉公婆极尽孝道，对下抚养孤儿竭施慈爱，被当时官府呈奏朝廷，旌表旗门并恩赐建坊，以奖励章氏贞节之举。

再说他的父亲许本玉，在当地遇上灾荒之时，积极地捐输粮食，赈济灾荒，被官府授以冠带。此后，还多次修建道路桥梁，给乡党带来便利。正德年间，从浙江过来一群匪寇侵扰徽州绩溪，作孽骚乱。徽州府和绩溪县衙委任许本玉担任守备之职。他不辜负所委，带领所组建的乡丁们昼夜巡逻，从而使匪寇不敢再入徽境，给郡县带来安宁。

许本玉 40 岁时才生下许涧洲，可谓中年得子，十分宝贵，而且许涧洲生下来就有异于一般孩子的禀性。还是在许涧洲周岁的时候，有一位僧人特地到许家造访，在仔细观察了小许涧洲一番后，即对许本玉说："这个孩子啊，据贫僧观察，相骨实属不凡，长大后，不是大贵，便是大富，耀祖光宗者，必是此儿！"突然造访的僧人说的这番话，许家听在耳里，记在心里，但也没有特别印在心中。

不过，待到许涧洲逐渐长成人后，却颇显出器宇轩昂、气质端庄的模样来，而且做事慎重，待人接物，宽宏大度，从不作锱铢计较。有与他家田地相邻耕种的，侵占了他家的田地，他并不与之争论，反而将田地割让给人家。有人借了他的钱，久拖不还，他也不主动去催讨。他的宽宏大度，得到当地许多人的尊敬和推重。在距云川村 20 里外有座万富山，山中蕴藏有许多可燃烧的黑色石头，当地人们缺乏知识，都感到很惊讶，不知如何是好，便来央求许涧洲把此山买下来。许涧洲就出钱买了下来。原来这就是石煤矿，许涧洲加以开发利用，也因此而致富。

致富后的许涧洲更体现出宽宏大度来，乐善好施，凡是乡邻有需要行善仗义的事，他都尽力资助并全力董办。宗族中有因为贫困而不能婚嫁的，他都拿出钱来予以帮助；穿衣吃饭有不足的，他则拿出钱来予以周济；对寡妇孤儿则加倍给以资助。不是本宗族的乡党人众，他也一样对待。

当时，江苏省连年发生大旱，以致道路上可见饿死的人，民不聊生。许涧洲经商经过，眼见得满目蒿莱，心中非常伤痛。他见太湖边的洞庭山下有许多荒芜的滩涂，便向当地官府呈上报告，允许自己造田济众。在得到官府准许后，他就在那里投资开垦造田10顷，并取名为“义田”，让当地百姓耕种，不收一粒田租，因此救活了当地灾民数万人。直至清末民国初年，那“义田”的名号，还在苏州、无锡一带传颂。

许涧洲所居村之东城郭，有田100余顷，由于经常苦于无水灌溉，一直很难丰收，尤其是到了干旱之年，那就是颗粒无收。眼见这副情状，许涧洲拿出万两银子，到山中采伐巨石，运来此地，开掘垒砌了5华里长的水圳，从远处引来了灌溉之水，从而使这片难以保收的贫瘠之田，成为旱涝保收的良田，给当地农民带来了长久的丰收年成。

而有一个叫湖村的地方，是徽州与浙江的交通要衢，只因为村前有条大河，岸阔水深，给往来行人造成很多不便。在枯水时，人们还可以涉水而行；但到雨多季节，人们只有望河兴叹了。许涧洲见状，又慷慨捐资建造了一座石桥，从而免去河水阻隔之苦。几百年过去了，到民国初年，人们还在享用许涧洲所制造的便利。像这样修桥铺路，寒冬施舍衣物等善义之事，对许涧洲来说，可谓举不胜举。邑令陈公闻知他的许多义行善举，便授他以政治荣誉性的冠带，并多次邀请他担任乡饮大宾。但许涧洲对这些虚名不感兴趣，多次谢绝了邑令的邀请。正因为如此，人们更加推崇他的高义。

许涧洲最看重的还是乡村教育事业，尤其愿意培植贤士，因而出资在村中建造了一座“涧洲书楼”，作为义塾，招收宗族、亲戚、乡邻的佳良子弟入学读书，对贫困者也一并招入。还延请名师前来教学，承担他们的工资和众学子的膏火费。他对教育事业的热忱，也感动了众学子，大家发愤读书，以求将来功成名就。事实上也确是涌现了一些有成就的人才。如日后曾任少保之职的胡屏山、曾任内翰之职的殷鑅，都是涧洲书楼中培育出来的佼佼者。

如胡屏山，本是一个贫穷人家的孩子，童年时曾随父亲到许家去借钱。许涧洲见他头角峥嵘，举止端庄，用些话来试问他，他都应对得体，且很警敏，比一般孩童有超异之处。所以许涧洲不仅慷慨贷款给他父亲，而且还赠送他一些有用的物品。后多次往来，许涧洲更加看重胡屏山；而胡屏山对许涧洲也有依依不舍之态。于是他父亲便将胡屏山带到许涧洲跟前，请许收他作义子，要胡屏山称许为义父。从而，许涧洲对胡屏山更是抚恤备至，既供应他穿衣饮食，还让他随着自己的儿子一起读书，并经常周济胡家。不仅在生活上抚养他，而且在品德学问上给以教育，从而使他日后成才成名。人们都称赞许涧洲心中有一面知人的明镜。

再如后来官任宫廷内翰的殷鏷，在没有发达的时候，家境也很艰辛，但在学塾众学子中学习刻苦，成绩出类拔萃。许涧洲闻知他的才干后，在他学业期满时就延请他作为自家的西席嘉宾，以教育自己的几个孩子。一天，殷鏷偶然间起了一点痴心妄想，以为许家这么富有，家中必定有丰厚的窖藏，于是到夜间，趁大家安睡以后，他竟然在自己的住房内撬开地板，掘地数尺，希望能够挖到窖藏的金银宝贝。然而挖了很久，毫无收获，他便为自己的行为感到很惭愧。于是在草草收拾后，鸡叫头遍时，就悄悄地离开许家而去。天亮后，许涧洲发现殷鏷不辞而别，并见住房内的情状，当即骑着快马，携带 100 两银子追了上去。脚步总没有马步快，许涧洲追到了殷鏷，拿出银子赠送给他，并安慰道："据我对你一贯的看法，你这次作为，并不是你的品德不好，而是你因为家贫，顾虑自己无财力继续深造，今后难有发达前途了。以我看来，你若是真有远大志向，何必把今天所做的一桩不妥的事情记挂在心呢？你果真要辞别我许家，也不要紧，这 100 两银子可以帮助你继续深造，请你收下吧。我觉得你的前程远大，我还把希望寄托在你身上哩！"殷鏷见许涧洲说得如此诚恳，不仅没有责备自己的不良之举，而且还追踪过来，赠送银两，鼓励自己继续上进，当即非常感动，叩首接过银子深深致谢。此后，殷鏷在这笔赠银的支持下，到徽州府学紫阳书院深造数年，后来成就显著，以致官居内翰（即在宫廷中担任文秘）。

许涧洲对贤士就是如此宽厚善待。然而当胡、殷二人官居高位时，许涧洲依旧淡泊自如，并不因为他们的地位来向他人夸耀，也没有私下写信请他们为自己办事。他常常检点自己的言语和行为，恐怕伤害到别人。古圣人说，富而不骄的很少。然而许涧洲就是这很少的富而不骄的一个。

许涧洲活到高龄 82 岁才辞世而去。逝世后因儿子之贵，得赠奉政大夫候选通政司知事的衔号。他的发妻何氏，继妻冯氏、胡氏，也都是淑贤谨慎和睦，具有母仪风范的女子。故世后，他们一同安葬在霞水村东大坑。许涧洲生有四子，长子许时溥，为礼部儒士；次子许时泽，早夭；三子许时清，诰授奉政大夫；四子许时润，由太学生累官至广西都司断事。直至民国二年(1913)，他的后裔许威还担任建平县商团团长。可谓仁风代传。

（张恺编写）

项天瑞义勇兼为

在歙县南乡深山之中，有一个以项姓为主的小溪村，历来多出仁义之士。清代的项天瑞就是其中的一个，

项天瑞，字友清。有一年，小溪村一带遭遇灾荒，农业歉收，于是在缴纳税赋中便发生困难，没有完成县里下达的任务。项天瑞的父亲项昌祚是村里族长，便要承担完不成任务的责任，接受服苦役的惩罚。项天瑞这年才14岁，但他看到父亲虽仅年过半百，身体却难以承受繁重的苦役，便挺身而出，和哥哥项天祥一起，奔赴县中，以身代替父亲服役，使年老的父亲免去一番辛苦。小小年纪，便体现了他身上的一种可贵的舍己为人的勇气和精神。

后来，长大成人的项天瑞曾在浙江省淳安县经商，同在一处经商的歙县同乡人中，有一位姓洪的身患重病，到了危险的境地。洪姓商人身边积攒有一笔钱财，而儿子还很年幼，显然难以将钱财交付给儿子。所以在临终前，他把同乡项天瑞叫到身边，把这笔钱寄托给项保管。项天瑞接受了洪的托付，并且诚恳地办理了洪的安葬后事，也尽心尽意地保管着同乡托付的钱财。这件事是洪和项二人之间私下交托的事情，没有他人知道其中详情。项天瑞但凡有一点不好的念头，便会私昧了这笔钱财。但他是个讲信义的人。过了十余年，洪家儿子长大了。项天瑞不仅将洪家所寄托的全部钱财如数地交还给洪家儿子，而且加上了利息。洪家儿子见到这笔意外之财，很是吃惊，连忙表示不敢接受。

项天瑞坦然地对他说："这是你父亲遗留给你的钱财，这十多年来，我只是受他所托，代为保管而已。所以没有尽早地交还给你，是因为你年纪尚小，担心过早地交给你，会产生意外。如今你已长大成人了，就应当交还给你，去做一番事业，也好让你父亲在九泉之下安心了。请不要推辞。"一番话在情在理，说得洪家儿子万分感激，接过了父亲的遗财，开始了新的步伐。

项天瑞在完成同乡故人的遗愿后，酌酒到洪氏的坟墓前，洒酒祭拜告别，然后坦然地回到家乡。

（张恺编写）

胡文相信义震京邸

与上文所记叙的项天瑞同样讲信义的还有一个歙县人，他就是清代康熙年间在京师经商的胡文相。胡文相，字亮公，素来以信义与豪侠的品行闻名京城。其中一桩事情充分体现了他的这种闪光的风采。

那是在康熙甲午年(1714)，有一位也在京城经商的歙县同乡叫仇谅臣，不幸身患重病，要回归南方。他担心一路上携带钱财太多，会发生意外，便在临行前将一袋金钱寄放在胡文相处。但不久，仇谅臣就病故了。仇家人并不知道仇谅臣有金钱寄放在胡文相处的事情。而胡文相见仇家儿子年纪尚幼，担心若是突然把他父亲的重金交给他，会给他带来不良后果，或是因为有重金作依赖的资本，而不努力读书学习，损害智力的培养；或是肆意挥霍，助长他过错的发展，这对年幼的孩子的成长都是不利的。所以胡文相对仇家人也绝口不提这件事。不过，他每年都拿出钱来，作为薪水寄给仇家，一直寄了20余年。

20余年后，仇氏之子终于长成人了。胡文相才把仇子召了过来，原原本本地告诉他父亲寄存一袋金钱的事情，并且拿出当年他父亲原来的钱袋和亲笔写下的一封信，一一交还给他。仇氏之子及一家人都喜出望外，不胜感激。

胡文相的诚信守义的事迹，也一时间名震京邸。

（张恺编写）

黄美渭轻财好义

黄美渭，字兴周，清代徽州黟县黄村人，享有五品的职衔，在县内具有很高的威望。不过，黄美渭在当地的威望和名声，并不仅是因为职衔所致，而更是与他的轻财好义、助人利众有关联。

黄美渭素性好施与，乡居在家时，邻里之中钱物有匮乏的，求告于他，他是有求必给，从不吝啬。当有人借了他的钱而无力偿还时，他便豪爽地焚毁借钱人的借券，放弃了债权。

他为何能够这样慷慨大方？除了个人的秉性因素外，还因为黄美渭在年幼的时候，他父亲就是一个盐业和典业兼营的富商。盐、典二业是徽商经营的主要行业，而且利润率也最高。徽州的盐商、典商几乎一个个都是腰缠万贯。黄美渭的父亲自然也不例外。颇为饶裕富有的家境，就为黄美渭的所作所为打下了丰厚的经济基础。

且举一个事例来作以说明。当时，黄美渭家有个姓汪的亲戚，借贷了很大的一笔公款去经商，央求黄美渭的父亲作经济担保。黄父不便驳亲戚的面子，而且按当时汪家的经济状况和经营能力来看，偿还贷款也不是太困难的，所以答应作了保。然而天有不测风云，人有旦夕祸福。正当汪家贷了公款，在商场大展身手的时候，遇上了匪寇作乱，经商之地一片战火纷飞，人们都陷入了战乱之中，汪家的商业经营遭到根本性的毁灭，汪家的生活也陷入贫困已极的境地。但欠债总是要还的，更何况还是一笔巨大的公款。不仅如此，连担保人也要连带承担责任。这时，黄美渭的父亲已经逝世，责任也就落在黄美渭的肩上。而黄美渭也考虑到，这也是关系到自己黄家在当世的信用声誉的大事。于是他和兄弟们一起协商合计，凑足了一大笔款项，代汪家归还了所贷公款。这不仅救亲戚于绝境，而且给黄家的声誉又上升了一个台阶。这件事，也使人们更加称赞他的轻财好义。

（张恺编写）

“还珠里”的故事

在徽州府婺源县丹阳乡有个村子名叫“还珠里”。为何叫这个名称呢？说起来还有一番故事。

相传很早以前，有个贩卖珍珠的商人，雇了挑夫，担着珍珠到了这里。当时，眼看天色已晚，只能在这个山村里找个旅店住下。或许是挑夫觉得商人给的报酬太少，便心生不满，商议着要到县衙控告珠宝商人漏税之罪，让商人受到处罚，以解心头之恨。他们正在商议着如何去报官，却不知他们商议的话语已被珠宝商人暗中听到了，遂采取了对付的办法。

当珠宝商人和挑夫把珠宝挑进旅店住下后，那两个挑夫就借口离开了。珠宝商人立即把旅店店主拉进了内室，要同店主借一步说话。

他们进了旅店内室，珠宝商人即“扑通”一声跪下叩起头来，道：“老板，请救救小商！”

这旅店店主是个慈眉善目的老人，见住店客商向自己叩求，连忙扶道：“客官，何必如此？有何事情，请讲，老汉我定当相助。”

珠宝商人起身道：“老板，你看见没有，那两个挑夫帮我把货物挑进店后，立即借口走了。”

旅店店主说：“不错，他们说是另有事情，就走了。这有什么不妥吗？”

珠宝商人道：“你哪里知道，他们是要算计我。他们一路上的秘密商谈，已被我听到了，他们是要到县衙去告我偷税漏税，好让我受到官府的处罚。所以请老板务必救救我，把这些货物藏到一个秘密之处。届时，官府搜不到货物，就没有办法处罚我了。”

旅店店主听了珠宝商人这番话，很是同情，就答应了他的请求，把货物藏到了从来无人知晓的地窖里。

果然，那两个挑夫离开旅店，就直接跑到县衙，控告了珠宝商人偷漏税的罪过。县官听了控告，即刻派衙役到了那个乡村旅店中，见到珠宝商人，不容分说，就把他逮了起来，然后仔细地搜查了他的商囊，竟没有搜到一粒珍珠。

衙役不敢怠慢，就把珠宝商人带到县衙，向县官禀告，商人带到，但没有搜到一粒珠宝。

县官讯问了一番，珠宝商人不承认自己有偷漏税行为，而衙役们又没有找到证据，只有把他放了，遂判了两个挑夫妄言诬告之罪，给他们每人各打40大板、下牢关押一周的处罚。

珠宝商人被释放出了县衙，就向那山村旅店而去。但一路上，他又不免担心起来：啊呀，仓促之间，我将货物交给了那旅店老板秘密收藏，却没有留下任何可以佐证的物件，这可是空口无凭啊！况且我已经诉讼到县衙了，他若不肯归还我，我又有什么办法呢？可以说是没有丝毫办法。唉，也罢，没有受到处罚，已是万幸了，那货物我也不去索取了。考虑至此，他便径直向他处而去。

谁知，当珠宝商人走到一个叫五岭的地方，远远就看见，在一棵偌大的松树下坐了一个人，这个人不是别人，正是那个山村旅店店主。

珠宝商人见了，心中不由一惊："啊？是你！"

那旅店店主从松树下站了起来，微笑道："客官，我已携带你所寄存的货物，到此等候你多时了。现在原物归还给你，请你检验一下当时的封识和货物吧。我也算尽自己之责了。"

珠宝商人闻说，既有喜出望外之感，又有些歉疚之心，当即表示道："啊，老店主，十分感谢你对我的救助，又大老远地将货物送还给我。这实在是永久不忘之恩哪！"说着，他从货囊里拿出了一些珠宝，向旅店店主递了过去，道："这点东西，请老店主收下，权作感谢之意。"

旅店店主连忙推辞道："客官，你不必酬谢。我若是贪财的话，我就全部秘而不宣的占了，你也无可奈何。是吧？还是请客官一路走好。"说完，告辞挺身而去。

珠宝商望着他离去的背影，情不自禁地潸然泪下。

后来，当地人听说了这件事情，也纷纷称赞旅店店主的善义品德，并称这个山村叫"还珠里"。

（张恺编写）

仁义的国学生汪源茂

清代徽州府婺源县大坂村人汪源茂，字学川，是一位国学生。他本来读书业儒，以期走科举仕途。只因为自己是家中的顶梁柱，管理家政事务，无法全副身心地去攻读，遂只得在家乡故里开一间商店，使家庭生活能够正常持续下去。

汪源茂本是一位儒生，遂以儒家的思想经营商业，平素讲究诚信仁义，自然使商店经营得很是生气勃勃。于是就有一些人向他的商店投资以获利。有一年，一个朋友拿了数百两银子存放汪源茂的商店以生利息，却不愿以自己之名存入，而是托以汪源茂的名义，这里自然有某种缘故。后来，这位朋友身患急病突然去世，他留存在汪源茂店里银两所产生的红利，迟迟无人领取。掌管财务的伙计不知道是朋友托以汪源茂之名存入的，就把这笔银息交给了汪源茂。汪源茂是知道其中缘故的，自然不接受这笔银息。他就把朋友的儿子召来，将他父亲寄存的银子和利息全部交还给他。那朋友的儿子也从来没有听父亲说过这件事，所以十分感谢汪源茂。

汪源茂有个堂弟，在商业经营中拖欠了人家一笔重债，如若完全归还，那么就要倾家荡产了，陷入了十分严重的经济困境。汪源茂得知这一情况后，立即向堂弟伸出援助之手，慷慨解囊，拿出分量不少的钱来，替堂弟归还了重债，把堂弟一家从艰难的经济困境中挽救出来。

汪源茂的诚信仁义，使他在家乡一带享有崇高的声望。在居住乡里的40多年中，乡党亲邻中，凡是遇到因是非曲直而产生的争讼的事情，都请他前来判断解决。而他也都在充分地调查研究、了解事实之后，从法度、道德、事理等种种角度，公正而分明地予以调解处理，使当事者双方心服口服，从而消除了不少隐患，给社会带来了安宁与和谐。所以人们都十分尊敬他，给予崇高的礼遇。

（张恺编写）

后　记

本书在完成过程中，自始至终得到安徽师范大学党委书记顾家山、党委副书记李琳琦、原纪委书记李立功以及历史与社会学院党委书记王如意、院长徐彬、副院长刘道胜等诸位领导的关心和支持，给我提供了诸多帮助，解决了不少困难。博士生孟颖姣，硕士生姚硕、杨群、骆辉仔、汤汶旸、王玉坤、季海燕、曹光玲、张雁、陈晓奕等帮助查录了一些家训，给我工作带来了便利。张恺同志撰写了部分故事，加快了该书编写的进度，已在文末署名。安徽师范大学皖江学院周感平老师为本书做了插图。安徽师范大学出版社社长汪鹏生亲自担任本书责任编辑，提出了很好的修改意见，编辑孙新文、韩敏也协助做了不少工作。在此一并向他们表示衷心的感谢！

本书作为一项任务从接手到完成只有三个月的时间，其间还有很多他事干扰，实在来不及精雕细琢，加上囿于本人的学识水平，缺点和错误，在所难免，恳请广大读者提出批评，不吝赐教。

王世华

二〇一四年九月十九日